U0113413

极小非p交换p群的
分类问题探究

张巧红　著

吉林大学出版社

图书在版编目(CIP)数据

极小非 p 交换 p 群的分类问题探究 / 张巧红著.--长春:吉林大学出版社,2017.5

ISBN 978-7-5692-0073-7

Ⅰ.①极… Ⅱ.①张… Ⅲ.①群论－研究 Ⅳ.①O152

中国版本图书馆 CIP 数据核字(2017)第 155890 号

书　　名	极小非 p 交换 p 群的分类问题探究	
	JIXIAO FEI P JIAOHUAN P QUN DE FENLEI WENTI TANJIU	
作　　者	张巧红　著	
策划编辑	孟亚黎	
责任编辑	孟亚黎	
责任校对	樊俊恒	
装帧设计	崔　蕾	
出版发行	吉林大学出版社	
社　　址	长春市朝阳区明德路 501 号	
邮政编码	130021	
发行电话	0431－89580028/29/21	
网　　址	http://www.jlup.com.cn	
电子邮箱	jlup@mail.jlu.edu.cn	
印　　刷	三河市天润建兴印务有限公司	
开　　本	787×1092　1/16	
印　　张	9.25	
字　　数	120 千字	
版　　次	2017 年 11 月　第 1 版	
印　　次	2017 年 11 月　第 1 次	
书　　号	ISBN 978-7-5692-0073-7	
定　　价	42.00 元	

前　言

　　群在抽象代数中具有基本的重要地位,许多代数结构,包括环、域和模等,都可以看作是在群的基础上添加新的运算和公理而形成的。群的概念在数学的许多分支都有出现,而交换群是有限群中性质特殊而又重要的群类,为了研究群的交换性,人们提出了换位子的概念,进而引出了中心导群等一系列概念。作为交换性的延拓,为了研究 p 群的交换性,人们在交换的基础上又提出了 p 交换的概念,本书主要围绕 p 交换群展开讨论。

　　全书分为群的基本知识、有限交换群、换位子公式、p 交换 p 群和正则 p 群、极小非 p 交换 p 群共 5 章内容。第 1 章作为预备知识,主要介绍了群论中的一些基本理论。给出了群及其子群,群的同态和同构等相关概念和性质,讨论了换位子及换位子群,幂零群及可解群的一些基础知识,为进一步讨论作好准备。当 $p=2$ 时,2 交换群即交换群,为了知识的完整性,第 2 章中主要给出了交换群的结构及其一些基本性质。第 3 章中主要给出了一些常用的换位子公式,这些公式在后面章节中经常用到。第 4 章给出了 p 交换 p 群和正则 p 群的一些相关结论。第 5 章中首先给出了极小非 p 交换 p 群的一些一般性质,然后主要给出了极小非 3 交换 3 群的完全分类和一些特殊的极小非 p 交换 p 群的分类。

　　本书主要基于作者在研究生及工作期间的学习和研究心得写作而成,写作过程中参考了徐明曜、张勤海、曲海鹏等知名学者的研究成果,极大地启发了思路,为作者进一步深入研究奠定了坚实基础,给予了有力指导,在此对他们表示衷心感谢。由于作者水平有限,书中难免存在不足之处,恳请读者批评指正,提出宝贵意见。

作　者

2017 年 3 月

目　录

第 1 章　群论的基础知识

作为预备知识，本章中主要介绍群论中的一些初步理论. 群作为群论讨论的主要对象，首先给出了群的基本概念及其子群，群的同态和同构等相关概念和性质，然后为了给进一步的讨论作准备，给出了换位子及换位子群，幂零群及可解群的一些基础知识.

§1.1　群的概念

定义 1.1.1　设 G 为一个非空集合，如果在 G 中定义了一个二元运算"·"，它满足以下条件：

(1)结合律：对于任意的 $a,b,c \in G$，都有 $(a \cdot b) \cdot c = a \cdot (b \cdot c)$；

(2)存在单位元：对于任意的 $a \in G$，存在 $1 \in G$，使得 $1 \cdot a = a \cdot 1 = a$；

(3)每个元素都有逆元：对于任意的 $a \in G$，都存在 $a^{-1} \in G$ 使得

$$a \cdot a^{-1} = a^{-1} \cdot a = 1,$$

则称 G 构成一个群，记作 $(G, \cdot)$，其中 1 称为 G 的单位元，a^{-1} 称为 a 的逆元.

注：群中的单位元经常用 1 表示，有时也用 e 来表示.

定义 1.1.2　设 G 为群，如果群 G 中的元满足交换律，即

$$ab = ba \ (\forall a,b \in G),$$

则称群 G 为交换群或 Able 群.

群 G 中元素的个数称为群 G 的阶，记为 $|G|$. 如果 $|G|$ 有限，

· 1 ·

则称群 G 为有限群；若 $|G|$ 无限，则称 G 为无限群.

在群论的研究中，常常采用由局部到整体的方法，即通过群的子集的性质来了解群的性质，故下面给出子群的定义.

定义 1.1.3 设 G 为群，H 为 G 的一个非空子集. 如果 H 对 G 的代数运算也构成一个群，则称 H 为 G 的一个子群，记为 $H \leqslant G$.

显然，对于任意的群 G，它都包含 G 和 $\{1\}$ 这两个子群，称之为 G 的平凡子群，其他子群称为群 G 的非平凡子群.

定理 1.1.1 设 G 是群，H 为 G 的非空子集，则下列条件等价：

(1) $H \leqslant G$；

(2) 对于任意的 $a, b \in H$，都有 $ab \in H$ 和 $a^{-1} \in H$；

(3) 对于任意的 $a, b \in H$，都有 $ab^{-1} \in H$.

证明 $(1) \Rightarrow (2)$：由子群的定义显然成立.

$(2) \Rightarrow (3)$：显然成立.

$(3) \Rightarrow (1)$：因为 $H \neq \varnothing$，故 H 中至少存在一个元素 a，由 (3) 可得 $aa^{-1} = 1 \in H$，即 H 中存在单位元 1. 又 $a^{-1} = 1a^{-1} \in H$，故 H 中每个元素都有逆元. 对于任意的 $a, b \in H$，则 $ab = a(b^{-1})^{-1} \in H$，故 H 中元素对代数运算满足封闭性，且由 H 为 G 的子集可得 H 中元素对代数运算满足结合律，因此 $H \leqslant G$.

$\square$

对于任意的 $n \in \mathbf{Z}^+$，$a \in G$，规定群中元素 a 的方幂为

$$a^n = \underbrace{aa \cdots a}_{n}.$$

若进一步规定

$$a^0 = 1, \quad a^{-n} = (a^{-1})^n,$$

则可得对任意的整数 n，a^n 都有意义. 且对于任意的 $a \in G$，$m, n \in \mathbf{Z}$ 都满足以下法则：

(1) $a^n a^m = a^{n+m}$；

(2) $(a^n)^m = a^{mn}$；

(3)如果群 G 是 Able 群，则对任意的 $a,b \in G$，有 $(ab)^n = a^n b^n$ 成立.

定义 1.1.4　设 G 为群，对于任意的 $a \in G$，使等式

$$a^m = e$$

成立的最小正整数 m 称为元素 a 的阶，记为 $o(a) = m$. 若这样的正整数不存在，则称 a 为无限阶的，记为 $o(a) = \infty$.

用符号 $\exp(G)$ 表示群 G 中所有元素的阶的最小公倍数，称之为群 G 的方次数.

在对群进行分析时，常常要用到子群的陪集，下面我们来介绍陪集的相关概念和性质.

定义 1.1.5　设 H 是群 G 的一个子群，$a \in G$，陪集定义如下：

(1)称集合

$$aH = \{ah \mid h \in H\}$$

为群 G 的一个左陪集；

(2)称集合

$$Ha = \{ha \mid h \in H\}$$

为群 G 的一个右陪集.

下面我们以左陪集为例，来给出关于陪集的一些常用的性质，这些性质对于右陪集同样成立.

定理 1.1.2　设 H 是群 G 的一个子群，$a,b \in G$，则有如下结论：

(1) $aH = bH$ 当且仅当 $a^{-1}b \in H$；

(2) 对于群 G 的任意两个左陪集 aH 和 bH，总有 $aH = bH$ 或 $aH \cap bH = \varnothing$ 成立；

(3) 设 $H \leqslant G$，由于对群 G 中任意一个元 a 都有 $a \in aH$，故可得群 G 的一个左陪集分解式：

$$G = a_1 H \cup a_2 H \cup \cdots \cup a_s H,$$

其中 $a_i H \cap a_j H = \varnothing$，$i,j = 1,2,\cdots,s, i \neq j$. 左陪集分解式中左陪集的个数 S 称为 H 在 G 中的指数，记作 $|G:H|$，$\{a_1, a_2, \cdots, a_s\}$ 称为 H 在 G 中的一个左陪集代表系.

证明 （1）若 $aH=bH$，则当且仅当 $H=a^{-1}bH$.进而可知，当且仅当 $a^{-1}b\in H$ 时，$aH=bH$.

（2）不妨设 $aH\bigcap bH\neq\varnothing$，任取 $x\in aH\bigcap bH$，则存在 h_1，$h_2\in H$ 使得 $x=ah_1$，$x=bh_2$，故可得 $a=bh_2h_1^{-1}$，从而有

$$aH=(bh_2h_1^{-1})H=b(h_2h_1^{-1}H)=bH$$

成立.

（3）由（2）显然可得.

☐

定义 1.1.6 设 H,K 为群 G 的两个非空子集，则集合

$$HK=\{hk|h\in H,k\in K\}$$

称为集合 H 和 K 的乘积.

例 1.1.1 试证明对群 G 的任意两个子群 H 和 K，$HK\leqslant G$ 当且仅当 $HK=KH$.

证明 若 $HK\leqslant G$,则

$$HK=(HK)^{-1}=\{(hk)^{-1}|h\in H,k\in K\}$$
$$=\{k^{-1}h^{-1}|h\in H,k\in K\}=KH.$$

反之，若 $HK=KH$，则对于任意的 $h_1k_1,h_2k_2\in HK$，其中 $h_1,h_2\in H,k_1,k_2\in K$，则

$$(h_1k_1)(h_2k_2)^{-1}=(h_1k_1)(h_2^{-1}k_2^{-1})=h_1((k_1k_2^{-1})h_2^{-1}),$$

因为 $(k_1k_2^{-1})h_2^{-1}\in KH=HK$，所以存在 $h\in H$ 和 $k\in K$ 使得 $(k_1k_2^{-1})h_2^{-1}=hk$，故 $(h_1k_1)(h_2k_2)^{-1}=h_1(hk)=(h_1h)k\in HK$，从而可得 $HK\leqslant G$.

☐

定理 1.1.3（拉格朗日定理） 设 G 为有限群，$H\leqslant G$，则

$$|G|=|H||G:H|.$$

证明 由于 G 为有限群，故有 $|H|$ 和 $|G:H|$ 都是有限的.不妨设 $|G:H|=r$，则有

$$G=a_1H\bigcup a_2H\bigcup\cdots\bigcup a_rH,$$

其中 $a_iH\bigcap a_jH=\varnothing$，$i\neq j$. 因为 $|a_iH|=|H|$，$i=1,2,\cdots,r$，所以有

$$|G| = \sum_{i=1}^{r} |a_iH| = r \cdot |H| = |H| \, |G \colon H|.$$

□

定义 1.1.7 设 G 为群，对任意的 $a,b \in G$，如果存在 $g \in G$ 使得 $g^{-1}ag = b$，则称元素 a 与 b 是共轭的. 又设 $H \leqslant G$，对任意的 $g \in G$，称 $g^{-1}Hg$ 为子群 H 的共轭子群.

易知，元素的共轭关系是群 G 的一个等价关系，它把群 G 分成一些互不相交的共轭类 $\{1\}, O_2, \cdots, O_k$，使得
$$G = \{1\} \cup O_2 \cup \cdots \cup O_k.$$
设 $|O_i| = n_i, i = 2, 3, \cdots, k$，则 $|G| = 1 + n_2 + \cdots + n_k$，称之为群 G 的类方程.

定义 1.1.8 设 G 为群，$H \leqslant G$. 如果对任意的 $a \in G$，都有 $aH = Ha$ 成立，则称 H 为群 G 的正规子群，记为 $H \trianglelefteq G$.

显然，对任意群 G 都有 G 和 $\{1\}$ 是 G 的正规子群，称之为 G 的平凡正规子群. 如果群 G 只有平凡正规子群，则称 G 为单群.

定理 1.1.4 设 G 为群，$H \leqslant G$. 则下列命题等价：

(1) $H \trianglelefteq G$；

(2) $gHg^{-1} = H$，对于任意的 $g \in G$.

证明 由正规子群的定义可得 (1)$\Rightarrow$(2)，下证 (2)$\Rightarrow$(1). 由正规子群的定义，只须证明对于任意的 $g \in G$ 都有 $gH = Hg$ 即可. 对于任意的 $gh \in gH$，由已知条件可得 $ghg^{-1} \in gHg^{-1} = H$，即存在 $h_1 \in H$ 使得 $ghg^{-1} = h_1$，即有 $gh = h_1 g \in Hg$，由 gh 的任意性得 $gH \subseteq Hg$. 反之，对于任意的 $hg \in Hg$，则 $g^{-1}hg \in H$，即存在 $h_2 \in H$ 使得 $g^{-1}hg = h_2$，故 $hg = gh_2 \in gH$，由 hg 的任意性即得 $Hg \subseteq gH$. 故有 $Hg = gH$ 成立.

□

例 1.1.2 设 G 为群，$H \leqslant G$，则有如下结论：

(1) 称集合
$$N_G(H) = \{g \in G \mid gH = Hg\}$$
为子群 H 在群 G 中的正规化子. 易证明 $N_G(H) \leqslant G$，且 $H \trianglelefteq N_G(H)$.

（2）称集合

$$C_G(H)=\{g\in G\mid gh=hg,\forall\,h\in H\}$$

为子群 H 在群 G 中的中心化子. 易证明 $C_G(H)\leqslant G$. 特别地，称 $C_G(G)$ 为群 G 的中心，记作 $Z(G)$. 显然 $Z(G)\lhd G$.

定理 1.1.5 设 G 为群，$H\lhd G$，则

$$\frac{G}{H}=\{gH\mid g\in G\}$$

关于运算 $(xH)(yH)=xyH$ 构成群，称之为群 G 对 H 的商群.

证明 （1）首先证明以上规定的乘法是 $\dfrac{G}{H}$ 的代数运算. 设 $xH=x'H,yH=y'H$，则有

$$\begin{aligned}
x'H\cdot y'H&=x'y'H=x'(y'H)=x'(yH)=x'(Hy)\\
&=(x'H)y=(xH)y=x(Hy)=(xy)H\\
&=xH\cdot yH,
\end{aligned}$$

故上述规定的乘法是 $\dfrac{G}{H}$ 的代数运算，且乘法的封闭性显然.

（2）又对任意的 $xH,yH,zH\in\dfrac{G}{H}$，有

$$\begin{aligned}
(xH\cdot yH)\cdot zH&=(xyH)\cdot zH=((xy)\cdot z)H\\
&=(x\cdot(yz))H=xH\cdot(yz)H\\
&=xH\cdot(yH\cdot zH),
\end{aligned}$$

故可得该运算满足结合律.

（3）存在单位元 eH，对任意的 $xH\in\dfrac{G}{H}$ 都有

$$eH\cdot xH=(ex)H=xH=(xe)H=xH\cdot eH$$

成立.

（4）对任意的 $xH\in\dfrac{G}{H}$ 都有 $x^{-1}H\in\dfrac{G}{H}$ 使得

$$x^{-1}H\cdot xH=(x^{-1}x)H=eH=(xx^{-1})H=xH\cdot x^{-1}H$$

成立，因此 $\dfrac{G}{H}$ 中每个元素 xH 都有逆元.

§1.2　群的同态与同构

在群论的研究中，我们经常需要对不同的群作比较，而群的同态和同构就是比较群的有力工具.

定义 1.2.1　设 G 和 G' 都为群，φ 是群 G 到群 G' 的一个映射，且满足

$$\varphi(ab)=\varphi(a)\varphi(b)\ (\forall\,a,b\in G),$$

则称 φ 为群 G 到群 G' 的一个同态映射. 进一步，如果 φ 为满射，则称 φ 为群 G 到群 G' 的满同态；如果 φ 为单射，则称 φ 为群 G 到群 G' 的单同态；如果 φ 为双射，则称 φ 为群 G 到群 G' 的同构映射. 此时称群 G 与群 G' 同构，记为 $G\cong G'$.

特别地，称群 G 到其自身的同构映射为群 G 的自同构.

定理 1.2.1　设 φ 为群 G 到群 G' 的同态映射，1 与 $1'$ 分别为 G 与 G' 的单位元，H 为 G 的子群，H' 为 G' 的子群，则有下列性质成立：

(1) $\varphi(1)=1'$；

(2) 对任意的 $a\in G$，有 $\varphi(a^{-1})=(\varphi(a))^{-1}$；

(3) G 的子群 H 的象 $\varphi(H)\leqslant G'$；

(4) G' 的子群 H' 的原象 $\varphi^{-1}(H')\leqslant G$.

证明　(1) 由 1 与 $1'$ 分别为 G 与 G' 的单位元可得

$$1'\cdot\varphi(1)=\varphi(1)=\varphi(1\cdot1)=\varphi(1)\cdot\varphi(1),$$

由消去律可得 $\varphi(1)=1'$.

(2) 因为

$$\varphi(a)\cdot\varphi(a^{-1})=\varphi(a\cdot a^{-1})=\varphi(e)=e'=\varphi(a)\cdot(\varphi(a))^{-1}.$$

同理，由消去律可得 $\varphi(a^{-1})=(\varphi(a))^{-1}$.

(3) 因为 H 为 G 的子群，所以对任意的 $h_1,h_2\in H$，有 $h_1h_2^{-1}\in H$，故有

$$\varphi(h_1)\cdot(\varphi(h_2))^{-1}=\varphi(h_1)\cdot\varphi(h_2^{-1})=\varphi(h_1h_2^{-1})\in\varphi(H),$$

进而可得 $\varphi(H) \leqslant G'$.

(4) 对任意的 $a, b \in \varphi^{-1}(H')$，则 $\varphi(a), \varphi(b) \in H'$，

$$\varphi(ab^{-1}) = \varphi(a)\varphi(b^{-1}) = \varphi(a)\varphi(b)^{-1} \in H',$$

从而有 $ab^{-1} \in \varphi^{-1}(H')$，进而可得 $\varphi^{-1}(H') \leqslant G$.

□

特别地，在上述定理中，若 $H \trianglelefteq G$，$H' \trianglelefteq G'$，则类似可得 $\varphi(H) \trianglelefteq G'$，$\varphi^{-1}(H') \trianglelefteq G$.

定义 1.2.2 设 G 与 G' 为群，φ 为 G 到 G' 的同态，则 G' 的单位元 $1'$ 的全体原象

$$\mathrm{Ker}\varphi = \{g \in G \mid \varphi(g) = 1'\}$$

称为同态 φ 的核；称

$$\mathrm{Im}\varphi = \{\varphi(a) \mid a \in G\}$$

为同态 φ 的象，简称为同态象.

设 φ 为群 G 到群 G' 的一个同态映射，则易证明 $\mathrm{Ker}\varphi \trianglelefteq G$，$\mathrm{Im}\varphi \leqslant G'$.

定理 1.2.2（同态基本定理） 设 $\varphi: G \to G'$ 是满同态满射，$K = \mathrm{Ker}\varphi$，则 $\dfrac{G}{K} \cong G'$.

证明 作 $\dfrac{G}{K}$ 到 G' 的映射 $\psi: aK \to \varphi(a)$，则易证明 ψ 是 $\dfrac{G}{K} \to G'$ 的一个一一映射，且满足对任意的 $aK, bK \in \dfrac{G}{K}$，都有

$$\psi(aKbK) = \psi(abK) = \varphi(ab) = \varphi(a)\varphi(b) = \psi(aK)\psi(bK),$$

因此 ψ 为 $\dfrac{G}{K} \to G'$ 的同构映射，故 $\dfrac{G}{K} \cong G'$.

□

定义 1.2.3 设 G 为群，$N \trianglelefteq G$，定义 G 到 $\dfrac{G}{N}$ 的同态映射

$$\eta: g \to gN (\forall g \in G),$$

则同态核 $\mathrm{Ker}\eta = N$，$\mathrm{Im}\eta = \dfrac{G}{N}$. 称该同态映射 η 为 G 到 $\dfrac{G}{N}$ 的自然同态.

定理 1.2.3　设 G 为群，$H \leqslant G$，$K \triangleleft G$，则 $H \cap K \triangleleft H$ 且有

$$\frac{H}{H \cap K} \cong \frac{HK}{K}.$$

证明　作 H 到 $\frac{HK}{K}$ 的映射

$$\varphi: h \to hK.$$

（1）对任意的 $h_1, h_2 \in H$，若 $h_1 = h_2$，则显然有 $h_1 K = h_2 K$ 成立，故 φ 是 H 到 $\frac{HK}{K}$ 的映射.

（2）对任意的 $hkK \in \frac{HK}{K}$，其中 $h \in H, k \in K$，有 $hkK = hK$，且

$$\varphi(h) = hK = hkK,$$

从而 φ 是 H 到 $\frac{HK}{K}$ 的满映射.

（3）对任意的 $h_1, h_2 \in H$，

$$\varphi(h_1 h_2) = (h_1 h_2)K = h_1 K \cdot h_2 K = \varphi(h_1)\varphi(h_2),$$

所以可得 φ 是 H 到 $\frac{HK}{K}$ 的满同态映射.

（4）上述同态映射为

$$\mathrm{Ker}\varphi = \{h \in H \mid \varphi(h) = K\} = \{h \in H \mid hK = K\}$$
$$= \{h \in H \mid h \in K\} = H \cap K,$$

故有 $H \cap K = \mathrm{ker}\varphi \triangleleft H$，且由同态基本定理可得

$$\frac{H}{H \cap K} \cong \frac{HK}{K}.$$

□

令 $\mathrm{End}(G)$ 表示群 G 的所有自同态组成的集合，$\mathrm{Aut}(G)$ 表示群 G 的全体自同构构成的集合，则易证明 $\mathrm{Aut}(G)$ 对于映射的乘法构成一个群，称之为群 G 的自同构群.

定义 1.2.4　设 G 为群，$H \leqslant G$，如果对任意的 $\varphi \in \mathrm{Aut}(G)$，都有 $H^{\varphi} \subseteq H$，则称 H 为群 G 的特征子群，记为 $H \operatorname{char} G$.

定理 1.2.4　设 G 为群，则有如下结论：

(1)设 K char $N \triangleleft G$，则 $K \triangleleft G$；

(2)设 H char K char G，则 H char G.

证明 (1)对于任意的 $g \in G$，因为 $N \triangleleft G$，所以 $N^g = N$. 故由 g 的共轭作用可诱导出 N 的一个自同构 $\sigma(g)$，又由 K char N 可得 $K^{\sigma(g)} = K$，即 $K^g = K$，所以 $K \triangleleft G$.

(2)因为 K char G，所以 $K \triangleleft G$，由(1)即可得 H char G.

$\square$

定理 1.2.5(N.C 定理) 设 $H \leqslant G$，则 $\dfrac{N_G(H)}{C_G(H)}$ 同构于 $\mathrm{Aut}(H)$ 的一个子群.

证明 设 $g \in N_G(H)$，则可得 H 的一个自同构 $\sigma(g): h \to h^g$. 显然 $g \to \sigma(g)$ 是 $N_G(H)$ 到 $\mathrm{Aut}(H)$ 内的同态，且其核为

$$\mathrm{Ker}\sigma = \{g \in N_G(H) \mid h^g = g, \forall h \in H\}$$
$$= C_{N_G(H)}(H) = C_G(H) \bigcap N_G(H).$$

又因为 $C_G(H) \leqslant N_G(H)$，所以 $\mathrm{Ker}\sigma = C_G(H)$. 由同态基本定理可得

$$\frac{N_G(H)}{C_G(H)} \cong \sigma(N_G(H)) \leqslant \mathrm{Aut}(H).$$

$\square$

§1.3 自由群和群的表现

本节中将首先给出两类特殊的群例，然后再给出自由群的定义.

1.3.1 循环群

循环群是一类比较简单但很重要的群类，数论、有限域论等许多数学分支都和循环群密切相关，它也是最基本的群类之一. 作为准备知识，我们首先定义含有某些给定元素的子群.

定义 1.3.1　设 S 为 G 的一个非空集合, 令
$$M=\{H\leqslant G\,|\,S\subseteq H\}.$$
显然 $G\in M$, 故 $M\neq\varnothing$. 令 $K=\bigcap\limits_{H\in M}H$, 则 $K\leqslant G$, 称 K 为由子集 S 生成的子群, 记作 $\langle S\rangle$. 即 $\langle S\rangle=\bigcap\limits_{S\subseteq H\leqslant G}H$, 称子集 S 为 $\langle S\rangle$ 的生成元集.

特别地, 若 $S=\{a_1,a_2,\cdots,a_s\}$ 是有限子集, 则记 $\langle S\rangle=\langle a_1,a_2,\cdots,a_s\rangle$. 当生成元集只包含一个元素时, 称由一个元素 a 生成的子群 $\langle a\rangle$ 为循环群. 循环群的具体定义如下.

定义 1.3.2　设 G 为群, 如果存在 $a\in G$, 使得 $G=\{a^n\,|\,n\in \mathbf{Z}\}$, 则称 G 为由 a 生成的循环群, 记 $G=\langle a\rangle$. 其中 a 称为 G 的生成元, 当 $o(a)=n$ 时, 称 G 为一个 n 阶循环群; 当 $o(a)$ 无限时, 称 G 为无限循环群.

定理 1.3.1　设 $G=\langle a\rangle$, 则对任意 $H\leqslant G$, H 也是循环群.

证明　若 $H=1$, 则显然 $H=\langle 1\rangle$ 是循环群. 设 $H\neq 1$, 则 H 中必含有 $1\neq x\in H$, 不妨设 $x=a^k$, $k\neq 0$, 因为 $H\leqslant G$, 故有 a^k 的任意正整数幂都包含在 H 中. 设 r 是使得 $a^r\in H$ 的最小正整数, 则对任意的 $a^k\in H$, $k\in \mathbf{Z}$ 有
$$k=sr+t\,(s,t\in \mathbf{Z},0\leqslant t<r).$$
从而有
$$a^t=a^{k-sr}=a^k\cdot(a^r)^{-s}\in H.$$
由 r 的选取可得 $t=0$, 从而有
$$a^k=a^{sr}=(a^r)^s\in\langle a^r\rangle,$$
由 a^k 的任意即得 $H\subseteq\langle a^r\rangle$. 又因为 $\langle a^r\rangle\subseteq H$, 故有 $H=\langle a^r\rangle$.

$\square$

定理 1.3.2(循环群的结构定理)　设 $G=\langle a\rangle$, 则有如下结论:

(1) 若 $o(a)=\infty$, 则 G 与整数加群 $\mathbf{Z}$ 同构;

(2) 若 $o(a)=n$, 则 G 与模 n 的整数加群 $\mathbf{Z}_n$ 同构.

证明　(1)作 $\mathbf{Z}$ 到 G 的一个映射
$$\varphi:m\rightarrow a^m\,(\forall\,m\in \mathbf{Z}).$$

易证明 φ 为 Z 到 G 的一个双射，且满足 $\forall m_1, m_2 \in Z$，

$$\varphi(m_1 + m_2) = a^{m_1 + m_2} = a^{m_1} a^{m_2} = \varphi(m_1) \varphi(m_2),$$

所以 $G \cong Z$.

（2）作 Z_n 到 G 的一个映射

$$\varphi: \langle k \rangle \rightarrow a^k \ (\forall \langle k \rangle \in Z_n),$$

易证明 φ 为 Z_n 到 G 的一个双射，且 $\forall \langle k \rangle, \langle l \rangle \in Z_n$ 有

$$\varphi(\langle k \rangle + \langle l \rangle) = \varphi(\langle k+l \rangle) = a^{k+l} = a^k a^l = \varphi(\langle k \rangle) \varphi(\langle l \rangle),$$

所以 $G \cong Z_n$.

$\Box$

1.3.2 置换群

置换群是群论史上出现最早的一类群，它与有限集合上的一一变换密切相关.

定义 1.3.3 设 M 为一个非空集合，称 M 到其自身上的一一映射为 M 的一个置换.

定理 1.3.3 设 M 为一个由 n 个元素组成的有限集合，则 M 上的全部置换按照映射的乘法构成一个群，称之为 n 次对称群，记为 S_n.

证明 因为恒等变换 $I_M \in S_n$，故 $S_n \neq \varnothing$. 由于任意两个一一映射的合成还是一一映射，故 S_n 对映射的乘法满足封闭性. 又由于映射的乘法满足结合律，故 S_n 中的元满足结合律. I_M 为 S_n 的单位元，由于每个一一映射都存在逆映射，故 S_n 中每个元素都有逆元，从而 S_n 对于映射乘法构成一个群.

$\Box$

显然有 $|S_n| = n!$. 对任意的 $\sigma \in S_n$，如果 σ 将 $i_1 \rightarrow i_2, i_2 \rightarrow i_3$，$\cdots$，$i_{s-1} \rightarrow i_s$，而把其他元素（如果还有的话）保持不变，则记 $\sigma = (i_1, i_2, \cdots, i_s)$，称之为一个 s 轮换. 特别地，称一个 2 轮换为对换. 如果一个置换 σ 可表示成奇数个对换的乘积，则称之为奇置换；如果 σ 可表示成偶数个对换的乘积，则称之为偶置换.

定理 1.3.4 所有 n 元偶置换对置换的乘法也构成一个群，

称为 n 次交错群，记为 A_n，其阶为 $\dfrac{n!}{2}$.

证明　设 A_n 为全体 n 元偶置换构成的集合，因为 $|S_n| = n!$，而在 S_n 中奇、偶置换各半，故 $|A_n| = \dfrac{n!}{2}$. 又因任意两个偶置换的乘积仍为偶置换，故 A_n 对置换的乘法满足封闭性. 因为 $A_n \subseteq S_n$，所以结合律显然成立；偶置换的逆为偶置换，故每个元素都有逆元；由于恒等置换 I 为偶置换，故 I 为 A_n 中的单位元，从而可得 A_n 对置换的乘法构成一个群.

□

1.3.3　自由群及群的表现[1]

给定集合 $X = \{x_1, \cdots, x_r\}$，称其为字母表. 它的势 r 不一定有限或可数. 令 $X^{-1} = \{x_1^{-1}, \cdots, x_r^{-1}\}$ 为另一集合，并假定 $X \bigcap X^{-1} = \varnothing$. 再令 $S = X \bigcup X^{-1}$. 对任意的 $a_i \in S$，称有限序列 $w = a_1 a_2 \cdots a_n$ 为 X 上的字. 称空集为空字. 规定两个字的乘积为它们的连写，于是所有 X 上的字的集合 W 对所规定的乘法构成一有单位元半群，空字为其单位元.

称两个字 w_1 和 w_2（以及 w_2 和 w_1）为邻接的，如果它们有形状：$w_1 = uv$，而 $w_2 = ux_i x_i^{-1} v$ 或 $u x_i^{-1} x_i v$，其中 u, v 是 X 上的两个字，而 $x_i \in X$. 又规定两个字 w_1 和 w_2 等价，记作 $w_1 \sim w_2$，如果可找到有限多个字 $w_1 = f_1, f_2, \cdots, f_{n-1}, f_n = w_2$，使对 $i = 1, 2, \cdots, n-1, f_i$ 和 f_{i+1} 是邻接的. 易验证"$\sim$"是等价关系，并且有 $w_1 \sim w_1{}', w_2 \sim w_2{}'$，则 $w_1 w_2 \sim w_1{}' w_2{}'$. 令 $\langle w \rangle$ 表示字 w 所在的等价类，F 为所有等价类组成的集合，规定等价类的乘法为

$$\langle w_1 \rangle \langle w_2 \rangle = \langle w_1 w_2 \rangle,$$

则 F 对此乘法可构成一个群，称为 X 上的自由群.

集合 X 称为自由群 F 的自由生成系，且自由群 F 由集合 X 的势唯一决定，即由两个等势的集合 X_1, X_2 作为自由生成系所得到的自由群是同构的. 这个势叫作自由群 F 的秩. 以后我们将

秩为 r 的自由群记作 F_r.

定理 1.3.5 任意一个可由 r 个元素生成的群都同构于 F_r 的商群.

证明 设 G 的生成系为 $\{a_1,\cdots,a_r\}$，即 $G=\langle a_1,\cdots,a_r\rangle$. 又设 r 秩自由群 F_r 的自由生成系为 $\{x_1,\cdots,x_r\}$，规定映射

$$\eta:\langle x_i\rangle\mapsto a_i(i=1,2,\cdots,r),$$

并把它扩展到 F_r 上. 易证 η 是一同态映射，于是

$$G\cong\frac{F_r}{\mathrm{Ker}\,\eta}.$$

由自由群的概念可对群的生成系和定义关系给出较为清楚的解释.

设 $G=\langle a_1,\cdots,a_r\rangle$，作自由群 $F_r=\langle x_1,\cdots,x_r\rangle$. 由定理 1.3.5 得 $G\cong\dfrac{F_r}{K}$，其中 K 是 F_r 的某个正规子群. 设

$$f(x_1,\cdots,x_r)=x_{i_1}^{n_1}\cdots x_{i_s}^{n_s}\in K(i_1,\cdots,i_s\in\{1,\cdots,r\}),$$

则在 G 中有下式成立：

$$f(a_1,\cdots,a_r)=a_{i_1}^{n_1}\cdots a_{i_s}^{n_s}=1.$$

称等式 $f(a_1,\cdots,a_r)=1$ 为 G 中的一个关系（有时也称自由群 F_r 中的元素 $f(x_1,\cdots,x_r)$ 为 G 的一个关系）. 又称由自由群 F_r 的关系组成的一个集合 $\{f_i(a_1,\cdots,a_r)=1\,|\,i\in I\}$ 为 G 的一个定义关系组（或称 $V=\{f_i(x_1,\cdots,x_r)=1\,|\,i\in I\}$ 为 G 的定义关系组），如果 V 在 F_r 中的正规闭包 $V^{F_r}=K$. 一个群 G 的生成系和定义关系组一起统称为 G 的一个表现.

例 1.3.1 设 $G=\langle a,b\rangle$，定义关系组为 $a^3=b^2=(ab)^3=1$，证明 $G\cong A_4$.

证明 由 $a^3=1$ 和 $b^2=1$ 可得，G 中元素可表示成 a^i 或 $a^iba^{\pm1}b\cdots ba^j$ 的形式，其中 $i,j=0,\pm1$. 又由 $(ab)^3=1$ 得 $ababab=1$. 从而有 $bab=(aba)^{-1}=a^{-1}ba^{-1}$ 和 $aba=(bab)^{-1}=ba^{-1}b$ 成立. 两式联立得 $ba^{\pm1}b=a^{\mp1}ba^{\mp1}$. 由该式可将 $a^iba^{\pm1}b\cdots ba^j$ 化为只含一个 b 的形式，即 a^iba^j 的形式，故得

$$G=\{a^i,a^iba^j\,|\,i,j=0,\pm1\},$$

且有 $|G| \leqslant 3 + 3 \times 3 = 12$.

另一方面,在 A_4 中,令 $x = (123)$,$y = (12)(34)$,则 $xy = (243)$,因此有 $x^3 = y^2 = (xy)^3 = 1$. 又显然 $A_4 = \langle x, y \rangle$,故可得 A_4 为 G 的同态象. 又由 $|A_4| = 12$,$|G| \leqslant 12$,这就使得 $|G| = 12$,且 $G \cong A_4$.

$\square$

下面我们不加证明地叙述有限群论中非常重要的 Schreier 定理,该定理的证明见 M. Hall 的《群论》§ 7.2.

定理 1.3.6(Schreier 定理)　自由群的子群仍为自由群. 假定 F_r 为有限秩 r 的自由群,N 是 F_r 的有限指数子群,$|F_r : N| = n$,则

$$N \cong F_{1 + n(r-1)}.$$

1.3.4　一些特殊群例

例 1.3.2　设 D_{2n} 为平面上正 $n(n \geqslant 3)$ 边形的全体对称构成的集合,它包含 n 个旋转和 n 个反射. 则 D_{2n} 对于变换的乘法构成一个群,称之为二面体群.

在二面体群 D_{2n} 中,用 a 表示绕正 n 边形中心沿着逆时针方向旋转 $\dfrac{2\pi}{n}$ 的变换,则 D_{2n} 中所有旋转变换都可以用 a^i 的形式表示,其中 $i = 0, 1, \cdots, n-1$. 又用 b 表示沿着某条给定的对称轴所作的反射变换,则二面体群 D_{2n} 可以写成

$$D_{2n} = \langle a, b \mid a^n = 1, b^2 = 1, b^{-1}ab = a^{-1} \rangle.$$

例 1.3.3　Hamilton 四元数的单位 $\pm 1, \pm i, \pm j, \pm k$ 在乘法下构成一个 8 阶群,称为四元数群,记为 Q_8. 且元素的乘法满足

$$i^2 = j^2 = k^2 = -1, ij = k = -ji, jk = i = -kj, ki = j = -ik.$$

如果令 $i = a, j = b$,则 $Q_8 = \langle a, b \rangle$,且满足定义关系

$$a^4 = 1, \quad b^2 = a^2, \quad b^{-1}ab = a^{-1}.$$

例 1.3.4　设 V 为数域 F 上的 n 维线性空间,V 上的所有可逆线性变换对变换的乘法也构成一个群,记为 $\mathrm{GL}(n, F)$,称为 F

上的 n 阶全线性群. 且 $\mathrm{GL}(n,F)$ 与数域 F 上的全体 n 阶可逆方阵对矩阵的乘法构成的群同构.

令 $\mathrm{SL}(n,F)$ 为所有行列式为 1 的 n 阶方阵对矩阵的乘法构成的群,称之为数域 F 上的 n 级特殊线性群. 显然有 $\mathrm{SL}(n,F) \leqslant \mathrm{GL}(n,F)$,且进一步有

$$\mathrm{SL}(n,F) \trianglelefteq \mathrm{GL}(n,F).$$

§1.4   换位子及换位子群

作为交换性的一种度量,定义了换位子的概念. 下面将首先给出换位子的定义及一些常用的换位子公式,然后给出换位子群及导群的相关知识.

定义 1.4.1   设 G 为群,a,b 为群 G 中的任意两个元素,称

$$[a,b] = a^{-1}b^{-1}ab$$

为 a,b 的换位子.

类似地,对群 G 中的任意 n 个元素 $a_1,a_2,\cdots,a_n (n>2)$,可递归地定义其换位子为

$$[a_1,a_2,\cdots,a_n] = [[a_1,a_2,\cdots a_{n-1}],a_n].$$

定理 1.4.1   设 G 为群,a,b,c 为群 G 中的任意元素,则有:

(1) $a^b = a[a,b]$;

(2) $[a,b]^c = [a^c,b^c]$;

(3) $[a,b]^{-1} = [b,a] = [a,b^{-1}]^b = [a^{-1},b]^a$;

(4) $[ab,c] = [a,c]^b[b,c] = [a,c][a,c,b][b,c]$;

(5) $[a,bc] = [a,c][a,b]^c = [a,c][a,b][a,b,c]$;

(6) $[a,b^{-1},c]^b[b,c^{-1},a]^c[c,a^{-1},b]^a = 1$,该公式称为 Witt 公式;

(7) $[b,a,c^b][c,b,a^c][a,c,b^a] = 1$.

证明   (1) $a^b = b^{-1}ab = a(a^{-1}b^{-1}ab) = a[a,b]$.

(2) $[a,b]^c = c^{-1}(a^{-1}b^{-1}ab)c = (a^c)^{-1}(b^c)^{-1}a^cb^c = [a^c,b^c]$.

（3）易得
$$[a,b]^{-1}=(a^{-1}b^{-1}ab)^{-1}=b^{-1}a^{-1}ba=[b,a],$$
$$[b,a]=b^{-1}a^{-1}ba=b^{-1}(a^{-1}bab^{-1})b$$
$$=b^{-1}[a,b^{-1}]b=[a,b^{-1}]^{b},$$

所以有
$$[a,b^{-1}]^{b}=b^{-1}(a^{-1}bab^{-1})b=a^{-1}(ab^{-1}a^{-1}b)a=[a^{-1},b]^{a}.$$

（4）易知
$$[ab,c]=b^{-1}a^{-1}c^{-1}abc=b^{-1}(a^{-1}c^{-1}ac)c^{-1}bc=[a,c]^{b}[b,c],$$
又由（1）可得 $[a,c]^{b}[b,c]=[a,c][a,c,b][b,c]$.

（5）易知 $[a,bc]=a^{-1}c^{-1}b^{-1}abc=(a^{-1}c^{-1}ac)c^{-1}(a^{-1}b^{-1}ab)c=$
$[a,c][a,b]^{c}$，又由（1）可得 $[a,c][a,b]^{c}=[a,c][a,b][a,b,c]$ 成立.

（6）将 $[a,b^{-1},c]^{b}=[[a,b^{-1}]^{b},c^{b}]=a^{-1}b^{-1}ac^{-1}a^{-1}bab^{-1}cb$，
$[b,c^{-1},a]^{c}=b^{-1}c^{-1}ba^{-1}b^{-1}cbc^{-1}ac$，$[c,a^{-1},b]^{a}=$
$c^{-1}a^{-1}cb^{-1}c^{-1}aca^{-1}ba$ 分别代入原式可得结论成立.

（7）由（3）式可得 $[a,b^{-1},c]^{b}=[[a,b^{-1}]^{b},c^{b}]=[b,a,c^{b}]$. 同理易得 $[b,c^{-1},a]^{c}=[c,b,a^{c}]$，$[c,a^{-1},b]^{a}=[a,c,b^{a}]$. 故有
$$[b,a,c^{b}][c,b,a^{c}][a,c,b^{a}]=[a,b^{-1},c]^{b}[b,c^{-1},a]^{c}[c,a^{-1},b]^{a}=1.$$

□

定义 1.4.2　设 G 为群，群 G 的所有换位子生成的子群
$$G'=\langle[a,b]\,|\,a,b\in G\rangle$$
称为群 G 的换位子群或导群.

易证明 G' 是群 G 的正规子群，且 G 为交换群当且仅当 $G'=1$.
进一步有下面更一般的结论成立：

定理 1.4.2　设 G 为群，G' 为群 G 的导群，则有：

（1）$\dfrac{G}{G'}$ 为交换群；

（2）若 $H\trianglelefteq G$，则 $\dfrac{G}{H}$ 为交换群当且仅当 $G'\leqslant H$.

证明　（1）对任意的 $aG',bG'\in\dfrac{G}{G'}$ 有

$$(aG')^{-1}(bG')^{-1}(aG')(bG')$$
$$=(a^{-1}G')(b^{-1}G')(aG')(bG')$$
$$=[a,b]G'=G',$$

即得

$$(aG')(bG')=(bG')(aG'),$$

所以 $\dfrac{G}{G'}$ 为交换群.

(2)设 $\dfrac{G}{H}$ 为交换群,对任意的 $a,b\in G$,有 $aH,bH\in\dfrac{G}{H}$ 且

$$(aH)(bH)=(bH)(aH).$$

故有

$$(aH)^{-1}(bH)^{-1}(aH)(bH)=H,$$

即

$$[a,b]H=H,[a,b]\in H.$$

故有 $G'\leqslant H$. 反之与(1)类似可证.

□

定义 1.4.3 设 G 为群,A,B 为群 G 的子群,称
$$[A,B]=\langle[a,b]\mid a\in A,b\in B\rangle$$
为子群 A,B 的换位子群.

定理 1.4.3 $[A,B]\leqslant A$ 当且仅当 $B\leqslant N_G(A)$.

证明 若 $[A,B]\leqslant A$,则对任意的 $a\in A,b\in B$, $[a,b]=a^{-1}b^{-1}ab\in A$,从而可得 $b^{-1}ab=a^b\in A$,由 a,b 的任意性即得 $B\leqslant N_G(A)$.

反之,若 $B\leqslant N_G(A)$,则对任意的 $a\in A,b\in B$ 有 $b^{-1}ab=a^b\in A$ 成立,进而有 $[a,b]=a^{-1}b^{-1}ab\in A$, $[A,B]\leqslant A$.

□

类似地,可将换位子群的定义推广到有限个子群的情形. 设 $A_1,A_2,\cdots,A_n(n>2)$ 为 G 的子群,定义
$$[A_1,A_2,\cdots,A_n]=\langle[a_1,a_2,\cdots,a_n]\mid a_i\in A_i\rangle.$$

特别地,对 $n\in \mathbf{Z}^+$,规定 $G_1=G$,当 $n>1$ 时,规定 $G_n=$

$\underbrace{[G,G,\cdots,G]}_{n}$，易证 $G_{n+1} \trianglelefteq G$，且有以下重要定理.

定理 1.4.4　$[G_n,G]=G_{n+1}$，其中 $n \in \mathbf{Z}^+$.

证明　因为 G_{n+1} 中的任意元素 $[g_1,g_2,\cdots,g_n]=[[g_1,\cdots,g_n],g_{n+1}] \in [G_n,G]$，故有 $G_{n+1} \leqslant [G_n,G]$.

下证 $[G_n,G] \leqslant G_{n+1}$. 因为

$[[g_1,\cdots,g_n]^{-1},g_{n+1}]=[g_1,\cdots,g_n,g_{n+1}]-[g_1,\cdots,g_n]^{-1} \in G_{n+1}$，
而由定义可知 G_{n+1} 是由形如 $[c_1c_2\cdots c_s,g_{n+1}]$ 的元素生成的，其中 $c_i=[g_1,\cdots,g_n]$ 或 $c_i=[g_1,g_2,\cdots,g_n]^{-1}$. 下对 s 作归纳法证明 $[c_1c_2\cdots c_s,g_{n+1}] \in G_{n+1}$. 当 $s=1$ 已证成立，假设当 $s-1$ 时结论成立，下证 s 的情形：

$$[c_1c_2\cdots c_s,g_{n+1}]=[c_1c_2\cdots c_{s-1},g_{n+1}]^{c_s}[c_s,g_{n+1}],$$

且 $G_{n+1} \trianglelefteq G$，由归纳假设即得 $[c_1c_2\cdots c_s,g_{n+1}] \in G_{n+1}$.

$\square$

定理 1.4.5　设 G 为群，$G=\langle M \rangle$，则有：

(1) $G_n=\langle [x_1,x_2,\cdots,x_n]^g \mid x_i \in M,g \in G \rangle$；

(2) $G_n=\langle [x_1,x_2,\cdots,x_n],G_{n+1} \mid x_i \in M \rangle$；

(3) 如果 $G=\langle a,b \rangle$，则 $G'=\langle [a,b]^g \mid g \in G \rangle$；

(4) 如果 $G=\langle a,b \rangle$，则 $G'=\langle [a,b],G_3 \rangle$.

证明　（1）令

$$H=\langle [x_1,x_2,\cdots,x_n]^g \mid x_i \in M,g \in G \rangle,$$

则 $H \leqslant G_n$ 显然.

反之，对 n 作归纳法. 当 $n=1$ 时，结论显然成立. 下设 $n>1$，假设结论对 $n-1$ 时成立，即

$$G_{n-1}=\langle [x_1,x_2,\cdots,x_{n-1}]^g \mid x_i \in M,g \in G \rangle.$$

又对任意的 $g \in G$，都有 $G=\langle M^g \rangle$，故由

$$[[x_1,x_2,\cdots,x_{n-1}]^g,x_n^g]=[x_1,x_2,\cdots,x_n]^g \in H$$

可得 G_{n-1} 的任一个生成元 $[x_1,x_2,\cdots,x_{n-1}]^g$ 与 G 的生成元的换位子都在 H 中，故有 $G_n=[G_{n-1},G] \leqslant H$.

（2）由于
$$[x_1,x_2,\cdots,x_n]^g=[x_1,x_2,\cdots,x_n][x_1,\cdots,x_n,g],$$
故由（1）直接可得.

（3）（4）由（1）（2）直接可得.

$\square$

§1.5　幂零群及可解群

定义 1.5.1　设 G 为群，$K_1,K_2,\cdots,K_{s+1}$ 是 G 的子群，且满足
$$G=K_1\trianglerighteq K_2\trianglerighteq\cdots\trianglerighteq K_{s+1}=1,$$
则称上述群列为群 G 的一个次正规群列，其中 $K_i(i=0,1,\cdots,s+1)$ 称为 G 的次正规子群.

特别地，若 $K_1,K_2,\cdots,K_{s+1}$ 都是 G 的正规子群，则称上述群列为 G 的一个正规群列.

定义 1.5.2　设 G 为群.
$$G=K_1\trianglerighteq K_2\trianglerighteq\cdots\trianglerighteq K_{s+1}=1$$
为群 G 的一个正规群列，如果 $\dfrac{K_{i-1}}{K_i}\leqslant Z(\dfrac{G}{K_i})(i=1,2,\cdots,s)$，则称该群列为 G 的一个中心群列. 具有中心群列的群称为幂零群.

定义 1.5.3　设 G 为群，则有以下重要定义：

（1）称群列
$$G=G_1\geqslant G_2=G'\geqslant\cdots\geqslant G_k\geqslant\cdots$$
为群 G 的下中心群列.

（2）称群列
$$1=Z_0(G)\leqslant Z_1(G)\leqslant\cdots\leqslant Z_k(G)\leqslant\cdots$$
为 G 的上中心群列，如果对任意的 i，都有 $\dfrac{Z_i(G)}{Z_{i-1}}(G)=Z(\dfrac{G}{Z_{i-1}(G)})$.

若群 G 是幂零群，$G=K_1 \rhd K_2 \rhd \cdots \rhd K_{s+1}=1$ 是群 G 的一个中心群列，利用归纳法易证得 $K_i \geqslant G_i$，$i=1,2,\cdots,s+1$，$K_{s+1-j} \leqslant Z_j(G)$，$j=0,1,\cdots,s$.

定理 1.5.1 设 G 为幂零群，则必有 G 的下中心群列终止于 1，上中心群列终止于 G，且它们都是中心群列，二者有相同的长度 $c=c(G)$. 此时群 G 没有长度小于 c 的中心群列，c 称为幂零群的幂零类.

证明 设 G 为幂零群，则 G 有中心群列
$$G=K_1 \rhd K_2 \rhd \cdots \rhd K_{s+1}=1,$$
且 $K_i \geqslant G_i$，$K_{s+1-j} \leqslant Z_j(G)$. 当 $i=s+1$，$j=s$ 时，则有下中心群列终止于 1，上中心群列终止于 G，且上下中心群列的长度都小于等于 s. 又由定理 1.4.4 知 $[G_i,G]=G_{i+1}$，$i=1,2,\cdots$，故下中心群列是中心群列. 由上中心群列的定义易得上中心群列也是中心群列.

由于上、下中心群列都是 G 的最短中心群列，因此它们的长度一定相同. 由幂零群的定义易得有限 p 群都是幂零群. 因为若 G 为有限 p 群，则有 $Z(G)>1$，又由群 G 的阶有限可得群 G 的上中心群列必终止于 G，故 G 为幂零群.

$$\square$$

定理 1.5.2 幂零群的子群和商群也是幂零群，两个幂零群的直积也是幂零群.

证明 设 G 为幂零群，则 G 有中心群列
$$G=K_1 \geqslant K_2 \geqslant \cdots \geqslant K_{s+1}=1,$$
对任意的 $H \leqslant G$，可验证
$$H=K_1 \cap H \geqslant K_2 \cap H \geqslant \cdots \geqslant K_{s+1} \cap H=1,$$
为中心群列. 因为 $[K_i,G] \leqslant K_{i+1}$，所以 $[K_i,H] \leqslant K_{i+1}$，$[K_i \cap H,H] \leqslant K_{i+1}$. 又显然 $[K_i \cap H,H] \leqslant H$，故有 $[K_i \cap H,H] \leqslant K_{i+1} \cap H$. 故得上述群列为子群 H 的中心群列，子群 H 为幂零群.

设 N 为群 G 的正规子群，令 $\overline{G}=\dfrac{G}{N}$，可得 $\overline{G}$ 的一个群列

$$\bar{G} = \frac{K_1 N}{N} \geqslant \frac{K_2 N}{N} \geqslant \cdots \geqslant \frac{K_{s+1} N}{N} = \bar{1}.$$

由 $[K_i, G] \leqslant K_{i+1}$，得 $[K_i N, G] \leqslant K_{i+1} N$，从而

$$\left[\frac{K_i N}{N}, \frac{G}{N}\right] = \frac{[K_i N, G]}{N} \leqslant \frac{K_{i+1} N}{N},$$

故得上述群列为商群 $\bar{G}$ 的中心群列，商群 $\bar{G}$ 为幂零群.

设 G_1, G_2 为幂零群，则 $Z(G_1 \times G_2) = Z(G_1) \times Z(G_2)$，且由 G_1, G_2 的上中心群列终止于 G_1, G_2，可得 $G_1 \times G_2$ 的上中心群列也终止于 $G_1 \times G_2$，故有 $G_1 \times G_2$ 的上中心群列就是其自身的中心群列，从而可得任意两个幂零群的直积也是幂零群.

□

注：幂零群的子群和商群也是幂零群，但反之不成立，即若 $\frac{G}{N}$ 和 N 都是幂零群，但不一定有 G 是幂零群. 例如，A_3 和 $\frac{S_3}{A_3}$ 都是幂零群，但是 S_3 不是幂零群.

定义 1.5.4 设 G 为群，$H < G$，若由 $H \leqslant K \leqslant G$ 可推出 $H = K$ 或 $K = G$，则称 H 为群 G 的极大子群.

定理 1.5.3 G 为幂零群，则有：

(1) G 的真子群的正规化子真包含该真子群；

(2) G 的所有极大子群 M 是 G 的正规子群，且 $|G : M|$ 为素数，$G' \leqslant M$.

证明 (1) 设 G 为幂零群，则 G 有中心群列

$$G = K_1 \geqslant K_2 \geqslant \cdots \geqslant K_{s+1} = 1,$$

对任意的 $H < G$，则必存在正整数 i 使得 $K_{i+1} \subseteq H$，但 $K_i \not\subseteq H$，因为 $K_1 = G$ 而 $K_{s+1} = 1 \leqslant H$，故上述正整数 i 必然存在. 又

$$[K_i, H] \leqslant [K_i, G] = K_{i+1} \leqslant H,$$

所以由定理 1.4.3 可得 $K_i \leqslant N_G(H)$，故有 $H < N_G(H)$.

(2) 设 M 是群 G 的任意一个极大子群，由 (1) 知 $M < N_G(M) = G$，从而 $M \trianglelefteq G$. 设 $\bar{G} = \frac{G}{M}$，则由 M 是群 G 的极大子群可得 $\bar{G}$ 只有平凡正规子群，因此必有 $\bar{G} = |G : M|$ 为素数. 由 $\bar{G} = \frac{G}{M}$ 为

素数阶循环群可得 $\bar{G}=\dfrac{G}{M}$ 为交换群，故可得 $G'\leqslant M$.

□

定理 1.5.4　设 G 为幂零群，$1\neq N\trianglelefteq G$，则 $[N,G]<N$ 且 $N\bigcap Z(G)>1$. 特别地，G 的每个极小正规子群都包含于 $Z(G)$ 中.

证明　令 $N_1=N$，当 $i>1$ 时，定义 $N_i=[N_{i-1},G]$. 显然 $N_i\leqslant N$ 且 $N_i\leqslant G_i$.

由 G 为幂零群，可得存在 $c\in\mathbf{Z}^+$ 使得 $G_{c+1}=1$，从而有 $N_{c+1}=1$. 故可得 $N_2=[N,G]<N$. 设 $t\in\mathbf{Z}^+$ 使得 $N_t=1$ 但是 $N_{t-1}\neq 1$，由 $[N_{t-1},G]=N_t=1$ 得 $N_{t-1}\leqslant Z(G)$. 又因为 $N_{t-1}\leqslant N$，所以可得 $N\bigcap Z(G)\geqslant N_{t-1}\neq 1$.

□

下面将介绍一类比较重要的幂零子群.

定义 1.5.5　设 G 为有限群，$\Phi(G)$ 为群 G 的所有极大子群的交，称 $\Phi(G)$ 为群 G 的 Frattini 子群.

特别地，当 $G=1$ 时，$\Phi(G)=1$. 由于群 G 的所有极大子群都是 G 的正规子群，且正规子群的交还是正规子群，故有 $\Phi(G)\trianglelefteq G$.

定义 1.5.6　设 G 为有限群，对于 $x\in G$ 和 G 的一个非空子集 S，如果由 $G=\langle S,x\rangle$ 能推出 $G=\langle S\rangle$，则称 x 为群 G 的非生成元.

显然，单位元 1 是任意群的非生成元.

定理 1.5.5　设 G 为有限群，则 $x\in\Phi(G)$ 当且仅当 x 是 G 的非生成元.

证明　对任意的 $x\in\Phi(G)$，设 $G=\langle S,x\rangle$，若 $\langle S\rangle<G$，则必存在 G 的极大子群 M 使得 $\langle S\rangle\leqslant M$. 而由 Frattini 子群的定义可得 $x\in\Phi(G)\leqslant M$，故有 $x\in M$，因此得到

$$G=\langle S,x\rangle\leqslant M,$$

与 M 为群 G 的极大子群矛盾，故有 $G=\langle S\rangle$，即得 x 是 G 的非生成元.

假设 x 是 G 的任意一个非生成元，对群 G 的任意一个极大

子群 M，若 $x \notin M$，则有 $G = \langle M, x \rangle$. 另一方面，$\langle M \rangle = M < G$，与 x 是 G 的非生成元矛盾，故 $x \in M$. 由于 M 的任意性，故可得 $x \in \Phi(G)$.

□

下面由导群的概念归纳地定义 G 的 n 阶换位子群，进而给出可解群的定义，规定

$$G^{(0)} = G, G^{(n)} = (G^{(n-1)})'(n \geqslant 1).$$

定义 1.5.7　设 G 为群，如果存在 $n \in \mathbf{Z}^+$ 使得 $G^{(n)} = 1$，则称群 G 为可解群.

定理 1.5.6　可解单群必为素数阶循环群.

证明　设 G 为可解单群，由可解群的定义，必存在 $n \in \mathbf{Z}^+$ 使得 $G^{(n)} = 1$，故可得 $G' < G$. 因为 $G' \lhd G$，若 $G' \neq 1$，则与 G 为单群矛盾，故有 $G' = 1$，从而得 G 为交换群. 对任意的 $1 \neq a \in G$，$\langle a \rangle \lhd G$，由 G 为单群可得 $G = \langle a \rangle$. 若 $|G|$ 不是素数，必存在正整数 $m \mid |G|$ 且 $m \neq 1, m \neq |G|$，则可得 G 中存在非平凡的正规子群 $\langle a^m \rangle$，与 G 为单群矛盾，故可得 G 为素数阶循环群.

□

引理 1.5.1　设 $N \lhd G, n \geqslant 0$，则 $(\dfrac{G}{N})^{(n)} = \dfrac{G^{(n)} N}{N}$.

证明　对 n 作归纳法. 当 $n = 1$ 时结论显然成立. 假设结论对 $n-1$ 时也成立，则

$$
\begin{aligned}
(\frac{G}{N})^{(n)} &= \left[(\frac{G}{N})^{(n-1)}, (\frac{G}{N})^{(n-1)} \right] \\
&= \left[\frac{G^{(n-1)} N}{N}, \frac{G^{(n-1)} N}{N} \right] \\
&= \frac{G^{(n)} N}{N},
\end{aligned}
$$

故可得结论对 n 时也成立.

□

定理 1.5.7　可解群的子群和商群也是可解群.

证明　设 G 为可解群，则必存在 $n \in \mathbf{Z}^+$ 使得 $G^{(n)} = 1$.

对任意 $H \leqslant G$，则由导群定义可得 $H^{(n)} \leqslant G^{(n)}$，从而必存在正整数 $m \leqslant n$ 使得 $H^{(m)} = 1$，故可得 H 也为可解群.

对任意的 $N \lhd G$，由引理 1.5.1 可得 $(\frac{G}{N})^{(n)} = \frac{G^{(n)}N}{N} = \bar{1}$，故得商群 $\frac{G}{N}$ 为可解群.

$\square$

参考文献

［1］徐明曜，曲海鹏. 有限 p 群［M］. 北京：北京大学出版社，2010.

［2］徐明曜. 有限群导引（上册）［M］. 北京：科学出版社，1999.

第2章 有限交换群

交换群是一类常见的群，对任何一个群都可能有交换的子群和商群，因此交换群的应用非常广泛. 本章将主要介绍交换群的结构.

§2.1 直 积

群的直积是研究群的重要手段之一，利用群的直积可以从已知的群构造出新的群，也可以将一个群用它的子群表示出来. 下面主要介绍了群的直积的相关概念及其性质.

定义 2.1.1 设 G 为群，A,B 为 G 的正规子群，如果群 G 满足 $G=AB$，且 $A\bigcap B=1$，则称 G 为 A 与 B 的直积，记作 $G=A\otimes B$，其中 A 与 B 称为 G 的直积因子.

特别地，若 G 为交换群，则直积又称为直和，此时 A,B 分别称为 G 的直和因子，记作 $G=A\oplus B$.

下面给出子群直积的一个重要性质，也可作为直积的等价定义.

定理 2.1.1 设 G 为群，A,B 为 G 的子群，则 $G=A\otimes B$ 当且仅当 G 满足以下条件：

(1) G 中每个元素 g 都可以唯一地表示成 $g=ab$，其中 $a\in A,b\in B$，且表示方法唯一；

(2) A 中元与 B 中元可交换.

证明 设 G 为 A 与 B 的直积，则 $G=AB$，即对 G 中每个元素 g，都存在 $a\in A,b\in B$，使得 $g=ab$. 若还存在 $a'\in A,b'\in B$

使得 $g=a'b'$，则有 $(a')^{-1}a=b'b^{-1}\in A\bigcap B=\{1\}$，从而可得 $a'=a,b'=b$．即得 g 的表示方法唯一．对任意的 $a\in A,b\in B$，下证 $\langle a,b\rangle=1$．由 A,B 为 G 的正规子群可得

$$a^{-1}b^{-1}ab=(b^{-1})^ab\in B,\ a^{-1}b^{-1}ab=a^{-1}a^b\in A,$$

故有 $a^{-1}b^{-1}ab\in A\bigcap B=\{1\}$，因此 $a^{-1}b^{-1}ab=1$，a 与 b 可交换．由 a,b 的任意性即得 A 中元与 B 中元可交换．

反之，设群 G 满足条件(1)和(2)．对任意的 $g\in G$，由(1)得存在 $a\in A,b\in B$ 使得 $g=ab$，$A^g=A^{ab}=(A^a)^b=A^b$，又由(2)可知，A 中元与 B 中元可交换，即得 $A^b=A$，故 A 为 G 的正规子群．同理可证 B 为 G 的正规子群．对任意的 $g\in G$，存在 $a\in A,b\in B$ 使得 $g=ab\in AB$，故有 $G\subseteq AB$，而 $AB\leqslant G$，故有 $G=AB$．又对任意的 $x\in A\bigcap B$，有 $x=x\cdot 1=1\cdot x$，由(1)中的唯一性可得 $x=1$．故 $A\bigcap B=\{1\}$，从而得 $G=A\otimes B$．

$\square$

例 2.1.1　令 $G=\{\mathrm{diag}(A_1,A_2)\,|\,A_1,A_2\in\mathrm{GL}_2(R)\}$，设 $H=\{\mathrm{diag}(A,E_2)\,|\,A\in\mathrm{GL}_2(R)\}$，$K=\{\mathrm{diag}(E_2,A)\,|\,A\in\mathrm{GL}_2(R)\}$，易得 H 和 K 为 G 的正规子群，且有 $H\bigcap K=\{E\}$．对任意的 $\mathrm{diag}(A_1,A_2)\in G$，有

$$\mathrm{diag}(A_1,A_2)=\mathrm{diag}(A_1,E_2)\cdot\mathrm{diag}(E_2,A_2)\in HK,$$

故有 $G=H\otimes K$．

例 2.1.2　设 $K=\{(1),(12)(34),(13)(24),(14)(23)\}$，则 K 正规于 S_4．S_3 显然可以作为 S_4 的子群，$S_3\bigcap K=\{(1)\}$，$|S_3K|=\dfrac{|S_3||K|}{|S_3\bigcap K|}=24=|S_4|$，故 $S_4=S_3K$．但是由于 S_3 不是 S_4 的正规子群，故 S_4 不是 S_3 与 K 的直积．

事实上，关于直积的概念还可以类似地由两个子群推广到多个子群的情形．

定义 2.1.2　设 $A_1,A_2,\cdots,A_s(s\geqslant 2)$ 为群 G 的有限多个正规子群，如果群 G 满足以下条件：

(1) $G=A_1A_2\cdots A_s=\{a_1a_2\cdots a_s\,|\,a_i\in A_i\}$；

(2) $A_1A_2\cdots A_i\bigcap A_{i+1}=\{1\}$，其中 $i=1,2,\cdots,s$，

则称 G 为 $A_1, A_2, \cdots, A_s$ 的直积，记为 $G = A_1 \otimes A_2 \otimes \cdots \otimes A_s$. A_i 称为 G 的直积因子.

对于多个子群的直积，直积因子的次序可以任意改变，也可以任意加括号. 与两个子群直积类似，也可定义多个子群的直和. 下面给出多个子群直积的等价定义，其证明和定理 2.1.1 类似.

定理 2.1.2 设 G 为群，$A_1, A_2, \cdots, A_s (s \geqslant 2)$ 为群 G 的子群，则 $G = A_1 \otimes A_2 \otimes \cdots \otimes A_s$ 当且仅当 G 满足下列两个条件：

(1) G 中每个元素 g 都可以唯一地表示成

$$g = a_1 a_2 \cdots a_s, \text{其中 } a_i \in A_i;$$

(2) A_i 中任意元与 A_j 中任意元可交换.

利用群的直积可以定义下列群.

定义 2.1.3 设 G 为一个群，如果 G 能够分解成它的真子群的直积，则称这个群为可分解群；否则称为不可分解群.

例 2.1.3 有理数加群 Q 是不可分解群.

证明 对 Q 的任意两个真子群 H, K，设 $0 \neq \dfrac{b}{a} \in H, 0 \neq \dfrac{d}{c} \in K$，则

$$0 \neq bd = ad \frac{b}{a} = bc \frac{d}{c} \in H \cap K,$$

从而可得 $H \cap K \neq \{0\}$，故 Q 是不可分解群.

$\square$

定理 2.1.3 设 G 为有限循环群，则 G 为不可分解群当且仅当 $|G|$ 为素数的方幂.

证明 设 $G = \langle a \rangle$ 且 $o(a) = p^k$，其中 p 为素数，对 G 任意的两个真子群 $H = \langle a^{p^s} \rangle, K = \langle a^{p^t} \rangle, 0 < s < t < k$，则 $H \cap K = \langle a^{p^t} \rangle = K \neq e$，故 G 是不可分解群.

反之，若有限循环群 G 是不可分解群，设 $G = \langle a \rangle$ 且 $o(a) = p_1^{k_1} \cdots p_s^{k_s}$. 设 $G_i = \langle a^{p_1^{k_1} \cdots p_{i-1}^{k_{i-1}} p_{i+1}^{k_{i+1}} \cdots p_s^{k_s}} \rangle, i = 1, 2, \cdots, s$，则 G_i 为 G 的正规子群，又令 $n_i = p_1^{k_1} \cdots p_{i-1}^{k_{i-1}} p_{i+1}^{k_{i+1}} \cdots p_s^{k_s}$，则 $(n_1, n_2, \cdots, n_s) = 1$. 故存在整数 $u_1, u_2, \cdots, u_s$ 使得

$$n_1 u_1 + n_2 u_2 + \cdots + n_s u_s = 1.$$

对任意的 $a^m \in G$，有 $a^m = (a^{n_1})^{m u_1} (a^{n_2})^{m u_2} \cdots (a^{n_s})^{m u_s} \in G_1 G_2 \cdots G_S$.
所以 $G = G_1 G_2 \cdots G_S$，又由 $|G_i| = p_i^{k_i}$，$G_1 G_2 \cdots G_{i-1} \bigcap G_i = 1$ 得 $G = G_1 \otimes G_2 \otimes \cdots G_S$，与 G 为不可分解群矛盾，故 n 必为素数的方幂.

$\square$

§2.2　群在集合上的作用

在近世代数凯莱定理的证明中，我们就把群 G 看作它自身上的一个变换群，如果把这种思想进行推广，即得到群在集合上的作用.

定义 2.2.1　设 G 是群，Ω 是一个非空集合. 如果存在一个二元映射 $\Omega \times G \to \Omega$，对于任意的 $\alpha \in \Omega$ 和 $g \in G$，$(\alpha, g) \to \alpha \cdot g = \alpha^g$ 满足：

(1) 对于任意的 $\alpha \in \Omega$，$\alpha \cdot 1 = \alpha$（即 $\alpha^1 = \alpha$）；

(2) 对于任意的 $\alpha \in \Omega$ 和任意的 $g, h \in G$，$(\alpha \cdot g) \cdot h = \alpha \cdot (gh)$，即 $(\alpha^g)^h = \alpha^{gh}$，

则称群 G 作用在 Ω 上.

注：设群 G 作用在集合 Ω 上，对任意的 $x \in G$，显然
$$\sigma_x : \Omega \to \Omega, \quad \sigma_x(\alpha) = \alpha^x$$
为 Ω 的一个变换. 对于任意的 $x, y \in G$，σ_x 有逆映射 σ_x^{-1}，且
$$\sigma_x \sigma_y = \sigma_{xy}, \quad \sigma_x \sigma_x^{-1} = \sigma_e = \sigma_{x^{-1}} \sigma_x.$$
故 $\{\sigma_x \mid x \in G\}$ 构成集合 Ω 上的一个变换群 $\mathrm{sym}(\Omega)$.

定义 2.2.2　作群 G 到 $\mathrm{sym}(\Omega)$ 上的映射 $\varphi : g \to \sigma_g$，则 φ 为 $G \to \mathrm{sym}(\Omega)$ 的一个同态映射，该同态核正规于 G，称为作用核.

命题 2.2.1　设群 G 作用在集合 Ω 上，$\alpha \in \Omega$，则
$$G_\alpha = \{g \in G \mid \alpha^g = \alpha\}$$
构成群 G 的子群，称之为 α 在群 G 中的点稳定子群. 且对于任意的 $\alpha \in G$，有 $G_{\alpha^x} = x^{-1} G_\alpha x$.

证明 对于任意的 $g_1,g_2 \in G_\alpha$，有 $\alpha^{g_1}=\alpha,\alpha^{g_2}=\alpha$，进而可得 $\alpha=\alpha^{g_1^{-1}}$，故有 $g_1^{-1} \in G_\alpha$. 又 $\alpha^{g_1 g_2}=(\alpha^{g_1})^{g_2}=\alpha^{g_2}=\alpha$，故有 $g_1 g_2 \in G_\alpha$. 因此 $G_\alpha \leqslant G$.

对于任意的 $g \in G_{\alpha^x}$，$(\alpha^x)^g=\alpha^x$，从而有 $\alpha^{xgx^{-1}}=\alpha$，$xgx^{-1} \in G_\alpha$，$g \in x^{-1}G_\alpha x$，所以 $G_{\alpha^x} \subseteq x^{-1}G_\alpha x$. 反之，对于任意的 $g_1 \in x^{-1}G_\alpha x$，则 $xg_1 x^{-1} \in G_\alpha$，即 $\alpha^{xg_1 x^{-1}}=\alpha$，故有 $(\alpha^x)^{g_1}=\alpha^x$，$g_1 \in G_{\alpha^x}$，进而可得 $x^{-1}G_\alpha x \subseteq G_{\alpha^x}$.

$\square$

定义 2.2.3 设群 G 作用在集合 Ω 上，对任意的 $\alpha \in \Omega$，则称集合

$$O_\alpha=\{\alpha \cdot g \mid g \in G\}$$

为 G 的包含 α 的轨道. 一个轨道中所包含的元素个数称为轨道长. 如果 Ω 本身自成一个轨道，则称 G 在 Ω 上作用是传递的.

例 2.2.1 设 $\Omega=\{1,2,3,4,5,6\}$，$G=\{(1),(12),(356),(365),(12)(356),(12)(365)\}$ 为 Ω 上的一个置换群，则点 $1,3,4$ 的稳定子群分别为

$$G_1=\{(1),(356),(365)\}\,,\ G_3=\{(1),(12)\}\,,\ G_4=G,$$

且它们所在的轨道分别为

$$O_1=\{1,2\}\,,\ O_3=\{3,5,6\}\,,\ O_4=\{4\}\,.$$

定理 2.2.1 设群 G 作用在集合 Ω 上，则有：

(1)不同的轨道互不相交，即对任意的两个轨道 O_α 和 O_β，则 $O_\alpha=O_\beta$ 或 $O_\alpha \cap O_\beta=\varnothing$；

(2)$\Omega=\bigcup\limits_\alpha O_\alpha$，其中 α 为不同轨道的代表元；

(3)若 Ω 是有限集合，则 $|\Omega|=\sum|O|$，其中 O 为跑遍 Ω 中所有的轨道.

证明 (1)对任意的两个轨道 O_α 和 O_β，若 $O_\alpha \cap O_\beta \neq \varnothing$，任取 $x \in O_\alpha \cap O_\beta$，则存在 $g_1,g_2 \in G$ 使得 $\alpha \cdot g_1=x$，$\beta \cdot g_2=x$，从而可得 $\alpha g_1=\beta g_2$，$\beta=\alpha g_1 g_2^{-1} \in O_\alpha$，于是有 $O_\beta \subseteq O_\alpha$. 同理可证 $O_\alpha \subseteq O_\beta$，故 $O_\alpha=O_\beta$.

（2）对于任意的 $\alpha\in\Omega$，必存在 O_α 使得 $\alpha\in O_\alpha$，故有 $\Omega\subseteq\bigcup\limits_{\alpha\in\Omega}O_\alpha$，显然 $\bigcup\limits_{\alpha\in\Omega}O_\alpha\subseteq\Omega$. 所以有 $\Omega=\bigcup\limits_{\alpha\in\Omega}O_\alpha$.

（3）设 $O_{\alpha_1},O_{\alpha_2},\cdots,O_{\alpha_t}$ 为 Ω 的所有轨道，由（1）知当 $i\neq j$ 时 $O_{\alpha_i}\bigcap O_{\alpha_j}=\varnothing$，又由（2）知 $\Omega=\bigcup\limits_{i=1}^t O_{\alpha_i}$，故可得 $|\Omega|=\sum\limits_{i=1}^t|O_{\alpha_i}|$.

□

例 2.2.2　设 G 为群，取 $\Omega=G$，对任意的 $g\in G,\alpha\in\Omega$，规定 $\alpha\cdot g=\alpha g$. 则有：

（1）$\alpha\cdot e=\alpha e=\alpha$；

（2）对于任意的 $g_1,g_2\in G,\alpha\in\Omega$，有

$$\alpha\cdot(g_1g_2)=\alpha g_1g_2=(\alpha g_1)g_2=(\alpha\cdot g_1)\cdot g_2.$$

故得到群 G 到它自身上的一个作用，该作用称为右正则作用，且每个元的点稳定子群都为 e.

例 2.2.3　设 G 为群，取 $\Omega=G$，对于任意的 $g\in G,\alpha\in\Omega$，规定 $\alpha\cdot g=\alpha^g$，则：

（1）$\alpha\cdot 1=\alpha^1=\alpha$；

（2）对于任意的 $g_1,g_2\in G$，有

$$\alpha\cdot(g_1g_2)=\alpha^{g_1g_2}=(\alpha^{g_1})^{g_2}=(\alpha\cdot g_1)\cdot g_2..$$

故由 G 的共轭变换得到了群 G 到其自身上的一个作用，称之为共轭作用. 该作用的作用核为群 G 的中心 $Z(G)$. 对于任意的 $\alpha\in G$，可得包含点 α 的轨道 O_α 由 G 中所有与 α 共轭的元素组成，即

$$O_\alpha=\{\alpha^g\mid g\in G\}.$$

α 的点稳定子群由群 G 中所有与 α 可交换的元素组成，即

$$G_\alpha=\{g\in G\mid\alpha^g=\alpha\}=\{g\in G\mid g^{-1}\alpha g=\alpha\}$$
$$=\{g\in G\mid\alpha g=g\alpha\}=C_g(\alpha).$$

例 2.2.4　设 $H\leqslant G$，取 $\Omega=\{Hx\mid x\in G\}$ 为子群 H 的全体右陪集构成的集合. 对任意的 $g\in G$ 和 $Hx\in\Omega$，规定

$$Hx\cdot g=Hxg,$$

则易知这是群 G 到 Ω 上的一个作用. 对于任意的 $Hx\in\Omega$，若 $Hx\cdot g=Hx$，则需 $Hxgx^{-1}=H$，即 $xgx^{-1}\in H$，从而 $g\in H^x$，

故可得 Hx 的点稳定子群为 $G_{Hx}=H^x$. 该作用的作用核为 $\bigcap_{x\in G}x^{-1}Hx$, 且易知该作用是传递的, G 在 Ω 上只有一个轨道.

定理 2.2.2 设群 G 作用在集合 Ω 上, 对任意的 $\alpha\in\Omega$, 作 $\dfrac{G}{G_\alpha}$ 到 O_α 的映射

$$\theta:G_\alpha g\to\alpha g\ (\forall G_\alpha g\in\dfrac{G}{G_\alpha}),$$

则 θ 为 $\dfrac{G}{G_\alpha}$ 到 O_α 的一个双映射.

证明 (1)对于任意的 $G_\alpha g_1,G_\alpha g_2\in\dfrac{G}{G_\alpha}$, 若 $G_\alpha g_1=G_\alpha g_2$, 则 $g_2 g_1^{-1}\in G_\alpha$, $\alpha\cdot(g_2 g_1^{-1})=\alpha$, 进而有 $\alpha g_2=\alpha g_1$. 故 θ 是 $\dfrac{G}{G_\alpha}$ 到 O_α 的映射.

(2)对于任意的 $\beta\in O_\alpha$, 存在 $g\in G$, 使得 $\alpha g=\beta$, 故可得存在 $G_\alpha g\in\dfrac{G}{G_\alpha}$, 使得 $\theta(G_\alpha g)=\alpha g=\beta$, 故 θ 为满射.

(3)任取 $G_\alpha g_1,G_\alpha g_2\in\dfrac{G}{G_\alpha}$, 若 $G_\alpha g_1\neq G_\alpha g_2$, $g_1 g_2^{-1}\notin G_\alpha$, 所以 $\alpha\cdot(g_1 g_2^{-1})\neq\alpha$, 即 $\alpha g_1\neq\alpha g_2$, 进而得 θ 为单射.

综上可得, θ 为 $\dfrac{G}{G_\alpha}$ 到 O_α 的一个双射.

□

由定理 2.2.2 易得, 若有限群 G 作用在集合 Ω 上, 则每个轨道长都是有限的, 且对任意的 $x\in\Omega$ 都有 $|O_x|=\dfrac{|G|}{|G_x|}$, 即有下列结论成立.

定理 2.2.3(计数原理) 设 G 为有限群, Ω 为有限集合, G 作用在 Ω 上. 设 O 为任一个轨道, $\alpha\in O$, 记 $H=G_\alpha$. 令 $\Lambda=\{Hx\,|\,x\in G\}$, 则存在 $\Lambda\to O$ 的一个双射 θ, 满足 $\theta(Hg)=\alpha\cdot g$. 特别地, 有 $|O|=|G:G_\alpha|$, 称该公式为轨道长公式.

证明 任取 $Hx\in\Lambda$, $\alpha\cdot x\in O$, 作映射 $\theta:\Lambda\to O$, 其中对任意的 $Hx\in\Lambda$, $\theta(Hx)=\alpha\cdot x$. 下面证明 θ 是双射.

(1)θ 有意义: 若 $Hx=Hy$, 则 $\alpha\cdot x=\alpha\cdot y$. 设 $y=hx$, 其中

$h \in H$. 则有

$$\alpha \cdot y = \alpha \cdot (hx) = (\alpha \cdot h) \cdot x = \alpha \cdot x.$$

（2）θ 为满射：任取 $\beta \in O$，不妨设 $\beta = \alpha \cdot x$，其中 $x \in G$. 则 $Hx \in \Lambda$ 且满足

$$\theta(Hx) = \alpha \cdot x = \beta.$$

（3）θ 为满射：若 $\theta(Hx) = \theta(Hy)$，即 $\alpha \cdot x = \alpha \cdot y$，又

$$\alpha = \alpha \cdot 1 = (\alpha \cdot x) \cdot x^{-1} = (\alpha \cdot y) \cdot x^{-1} = \alpha \cdot (yx^{-1}),$$

所以可得 $yx^{-1} \in G_\alpha$，进而有 $G_\alpha = H$. 即得 $y \in Hx$，所以有 $Hx = Hy$. 故 θ 为满射.

□

例 2.2.5　求正六面体对称群 G 的阶.

解　将正六面体的六个面分别记为 $\pi_1, \pi_2, \pi_3, \pi_4, \pi_5, \pi_6$，令

$$\Omega = \{\pi_1, \pi_2, \pi_3, \pi_4, \pi_5, \pi_6\}.$$

则对正六面体每做一次旋转，就可得到 Ω 上的一个变换，从而确定了一个群 G 在集合 Ω 上的作用. 易知 $O_{\pi_1} = \Omega$，$|G_{\pi_1}| = 4$，由计数定理得

$$|G| = |O_{\pi_1}| |G_{\pi_1}| = 24.$$

例 2.2.6　设 Ω 与 G 同例 2.2.3，$\alpha \in G$，则由计数原理可得

$$|G| = \sum_\alpha |G : C_G(\alpha)|, \tag{1}$$

其中 α 为跑遍群 G 的不同的共轭类的代表元. 又若

$$|G : C_G(\alpha)| = 1 \Leftrightarrow G = C_G(\alpha) \Leftrightarrow \alpha \in Z(G), \tag{2}$$

故由（1）式可得下面定理.

设有限群 G 作用在集合 Ω 上，由于不同轨道互不相交，且 Ω 上每一个点至少属于一个轨道，因此我们有以下结论成立.

定理 2.2.4（群方程）　设 G 为有限群，则

$$|G| = |Z(G)| + \sum_\alpha |G : C_G(\alpha)|,$$

其中 α 为跑遍群 G 的非中心元的共轭类的代表元.

§2.3 西罗定理

西罗定理是有限群论中最重要的定理之一，它给出了有限群与其子群之间的某些重要联系. 由拉格朗日定理知，在有限群中子群的阶必然为大群阶的因子，但是反之不一定成立，即对于有限群的阶的任一个因子，未必存在以该因子为阶的子群. 那么当有限群的阶的因子满足什么条件时，大群中就会存在阶为该因子的子群呢? 下面的西罗定理部分地回答了这个问题.

定义 2.3.1 设 p 为素数，称群 G 为 p 群，如果对任意的 $g \in G$ 都有 $o(g)$ 为 p 的方幂.

定义 2.3.2 设有限群 G 的阶为 $p^a m$，其中 p 为素数，$a \geqslant 0, m \geqslant 1$，且 $(p, m) = 1$. 若存在 G 的子群 P 使得 $|P| = p^a$，则称 P 为群 G 的一个 Sylow p-子群.

设 G 为有限群，p 为 $|G|$ 的任一个素因子，那么 G 中是否一定存在 Sylow p-子群? 如果存在，这样的 Sylow p-子群有多少个? Sylow p-子群与 Sylow p-子群之间存在什么样的联系? 下面将主要来讨论这些问题.

定理 2.3.1（第一 Sylow 定理） 设 G 为有限群且 $|G| = p^a m$，其中 p 为素数，$a \geqslant 1, (m, p) = 1$，则群 G 中必存在 $p^k (1 \leqslant k \leqslant a)$ 阶子群. 特别地，群 G 中必存在 Sylow p-子群.

证明 对 $|G| = n$ 作归纳法. 当 $n = p$ 时定理显然成立，假设 $n > p$ 且定理对于阶小于 n 的群成立，下面来证明阶为 n 的情形.

由群方程可得

$$|G| = |Z(G)| + \sum_g |G : C_G(g)|,$$

其中 g 为跑遍所有非中心元的共轭类的代表元.

如果 $p \mid |Z(G)|$，则 $Z(G)$ 中必有一个 p 阶元 a，则 $\langle a \rangle$ 为 G 的一个 p 阶正规子群，作商群得 $\dfrac{G}{\langle a \rangle}$ 且 $\left| \dfrac{G}{\langle a \rangle} \right| = p^{a-1} m$，由归纳假

设得 $\dfrac{G}{\langle a \rangle}$ 有 $p^i(i=1,2,\cdots,a-1)$ 阶子群 $\dfrac{P_i}{\langle a \rangle}$，从而 P_i 为 G 的 p^{i+1} $(i=1,2,\cdots,a-1)$ 阶子群.

如果 $p\backslash|Z(G)|$，因为 $p\,|\,|G|$，由群方程得必存在 $g\in G$ 使 $p\backslash|G:C_G(g)|$，进而可得 $p^a|\,|C_G(g)|$．因为 $|C_G(g)|<n$，所以由归纳假设可得 $C_G(g)$ 必有 $p^i(i=1,2,\cdots,a)$ 阶子群 P_i，从而得群 G 中有 $p^i(i=1,2,\cdots,a)$ 阶子群 P_i.

$\square$

推论 2.3.1（Cauchy 定理）　设 G 为有限群，p 为素数且 $p\,|\,|G|$，则群 G 中必包含 p 阶元.

定理 2.3.2　对群 G 的任一个 p 阶子群 P，必存在 G 的一个 Sylow p-子群 S 和 $g\in G$ 使得 $P\leqslant S^g$.

证明　令 $\Omega=\{Sx\,|\,x\in G\}$，P 右乘作用于 Ω，即
$$(Sx)\cdot a=Sxa(Sx\in\Omega,a\in P),$$
则该作用把 Ω 分成若干轨道.

因为 $|\Omega|=|G:S|\doteq m$ 不能被 p 整除，所以必存在某个轨道 O_g 使得 $p\,|\,|O_g|$．由计数原理得 $|O_g|=|P:P_g|$，从而有 $|O_g|\,|\,|P|$，即 $|O_g|$ 为 p 的方幂，故必有 $|O_g|=1$．不妨设 $O_a=\{Sg\}$，则对于任意的 $a\in P$ 都有 $Sga=Sg$，$Sgag^{-1}=S$，从而 $gag^{-1}\in S$，$a\in S^g$．由 a 的任意性得 $P\leqslant S$.

$\square$

作为定理 2.3.2 的特殊情况，易得下面结论.

定理 2.3.3（第二 Sylow 定理）　设 G 为有限群，对于 G 的任意两个 Sylow p-子群 S 和 T，都存在 $g\in G$ 使得 $T=S^g$.

证明　因为 T 为 G 的 Sylow p-子群，所以 T 为 G 的 p-子群，由定理 2.3.2 可得，存在 G 的一个 Sylow p-子群 S 和 $g\in G$ 使得 $T\leqslant S^g$．又因为 $|T|=|S|=|S^g|$，所以 $T=S^g$.

$\square$

注：(1)由定理 2.3.3 可得，群 G 中的任意两个 Sylow p-子群都是共轭关系．特别地，当 S 为群 G 的一个正规 Sylow p-子群时，对 G 的任意 Sylow p-子群 T，由定理 2.3.3 得，存在 $g\in G$

使得 $T = S^g = S$，故此时群 G 中的 Sylow p-子群唯一.

（2）结合定理 2.3.2 和定理 2.3.3 可得，群 G 的任一个 p-子群一定包含于 G 的某一个 Sylow p-子群 S 中.

下面用符号 $n_p(G)$ 表示有限群 G 中 Sylow p-子群的个数，简记为 n_p.

定理 2.3.4（第三 Sylow 定理） 设 G 为有限群，则有

$$n_p \mid |G| \text{ 且 } n_p \equiv 1 (\mathrm{mod}\, p).$$

证明 令 Ω 为群 G 的所有 Sylow p-子群构成的集合，群 G 共轭作用在 Ω 上，由定理 2.3.3 可得 Ω 中所有元素构成一个轨道，即 $\Omega = O_S$，其中 S 为 G 的任一个 Sylow p-子群. 设 S 在 G 中的稳定子群为 G_S，则有

$$n_p = |\Omega| = |O_S| = |G : G_S|,$$

因此可得 $n_p \mid |G|$.

设 S 为 G 中的一个 Sylow p-子群且 S 共轭作用于 Ω 上，由于 $|\Omega| = |G : S|$，所以 $p \nmid |\Omega|$. 又由于 $|\Omega|$ 等于所有轨道的长度和，故必存在某一个轨道 O 使得 $p \nmid |O|$. 另一方面，由计数定理知 $|O| \mid |S|$，故 $|O| = 1$. 即存在一个 Sylow p-子群 P，对于任意的 $x \in S$ 都有 $P^x = P$，从而 $S \leqslant N_G(P)$，故可得 S, P 都是 $N_G(P)$ 的 Sylow p-子群. 又由定理 2.3.3 得，存在 $n \in N_G(P)$ 使得 $S = n^{-1} P n = P$，故可得长度为 1 的轨道只有一个，故有

$$n_p = |\Omega| \equiv 1 (\mathrm{mod}\, p).$$

$\square$

由定理 2.3.4 的证明过程易得下面结论.

推论 2.3.2 设 G 为有限群，且 $|G| = p^a m (a \geqslant 1)$，$p$ 为素数且 $(p, m) = 1$，则有 $n_p(G) \mid m$.

§2.4　西罗定理的应用

西罗定理的应用非常广泛，经常用它来讨论群是否为单群

等. 本节我们将给出西罗定理的一些应用.

例 2.4.1　设 G 为有限群,且 $|G|=455$,则群 G 为循环群.

证明　因为 $455=5\times7\times13$,由第一 Sylow 定理可得,群 G 中必有 Sylow 5-子群,Sylow 7-子群和 Sylow 13-子群. 由第三 Sylow 定理可得 $n_{13}\equiv1(\bmod\ 13)$ 且 $n_{13}|5\times7$,故得 $n_{13}=1$. 同理得 $n_7=1$. 设 H 和 K 分别为 G 的 Sylow 13-子群和 Sylow 7-子群,则可得 $H\lhd G$,$K\lhd G$,从而 $HK\leqslant G$ 且 $|HK|=91$.

又由第三 Sylow 定理可得 $n_5=1$ 或 $n_5=91$. 若 $n_5=91$,则 G 中有 $91\times(5-1)=364$ 个 5 阶元,HK 中包含 91 个元,且 HK 中元的阶数都与 5 互素. 设 N 为群 G 的一个 Sylow 5-子群,令 $M=KN$,则 $|M|=35$. 又因为 $N\lhd M$,$K\lhd M$,且 $N\bigcap K=\{1\}$. 不妨设 $K=\langle a\rangle$,$N=\langle b\rangle$,则 $o(a)=5$,因为 $a^{-1}b^{-1}ab=a^{-1}a^b\in K$ 且 $a^{-1}b^{-1}ab=(b^{-1})^ab\in N$,所以 $a^{-1}b^{-1}ab\in N\bigcap K=\{1\}$,故有 $ab=ba$,从而 $o(ab)=35$,$M=\langle ab\rangle$. 此时群 G 中包含 364 个 5 阶元,91 个阶与 5 互素的元,1 个 35 阶元,与 G 的阶为 455 矛盾,故必有 $n_5=1$. 设 $H=\langle c\rangle$,则 $o(c)=13$. 同上可证 $ca=ac$,$cb=bc$,故 $G=\langle abc\rangle$,其中 $o(abc)=455$.

$\square$

例 2.4.2　证明 6 阶群只有两个,即 6 阶循环群和 S_3.

证明　因为 $6=2\times3$,由第三 Sylow 定理及其推论可得,$n_2=1$ 或 3,$n_3=1$.

如果 $n_2=1$,则 G 的 Sylow 2-子群和 Sylow 3-子群唯一. 设 $H=\langle a\rangle$,$K=\langle b\rangle$ 分别为 G 的 Sylow 2-子群和 Sylow 3-子群,则 $H\lhd G$,$K\lhd G$ 且 $H\bigcap K=\{1\}$,同上可得 $ab=ba$,故 $o(ab)=6$,从而 $G=\langle ab\rangle$.

若 $n_2=3$,令 $\Omega=\{P_1,P_2,P_3\}$ 为 G 的所有 Sylow 2-子群构成的集合,群 G 共轭作用于 Ω 上,从而诱导出 G 到 S_3 的一个同态映射 σ. 对于任意的 $g\in\mathrm{Ker}\sigma$,则 $P_i^g=P_i(i=1,2,3)$,从而可得 $g\in N_G(P_i)(i=1,2,3)$. 由第二 Sylow 定理知 $N_G(P_i)\neq G$. 故只能有 $N_G(P_i)=P_i$,即 $g\in P_1\bigcap P_2\bigcap P_3$,故可得 $g=1$,从而 $\mathrm{Ker}\sigma=$

$\{1\}$，σ 为单同态，于是有

$$|\sigma(G)| = |G| = 6 = |S_3|.$$

由上式又得 σ 为满同态，从而 σ 为 G 到 S_3 的同构映射，即 $G \cong S_3$.

□

定理 2.4.1 设 G 为有限群，$|G| = p_1^{k_1} p_2^{k_2} \cdots p_m^{k_m}$，其中 p_1，$p_2, \cdots p_m$ 为两两互异的素因子，则群 G 可表示成其所有 Sylow p-子群的直积，当且仅当 G 的每个 Sylow p-子群都是 G 的正规子群.

证明 必要性显然.

下面证明充分性. 设 P_i 为群 G 的 Sylow p_i-子群，且 $P_i \lhd G$ $(i=1,2,\cdots,m)$. 因为 $P_i \cap P_j = \{1\}$ $(i \neq j)$，所以 $|P_1 P_2 \cdots P_m| = p_1^{k_1} p_2^{k_2} \cdots p_m^{k_m} = |G|$，故有 $G = P_1 P_2 \cdots P_m$. 又因为 $P_1 P_2 \cdots P_{i-1} \cap P_i = \{1\}$，$i = 1, 2, \cdots, m$，从而有

$$G = P_1 \otimes P_2 \otimes \cdots \otimes P_m.$$

□

因为交换群的 Sylow p-子群都正规，故由定理 2.4.1 可得下列结论.

推论 2.4.1 有限交换群可分解成其所有 Sylow p-子群的直积.

推论 2.4.2 设 G 为有限交换群，若 $d \mid |G|$，则群 G 中必有 d 阶子群.

证明 设 $|G| = p_1^{k_1} p_2^{k_2} \cdots p_m^{k_m}$，对任意的 $d \mid |G|$，可设

$$d = p_1^{r_1} p_2^{r_2} \cdots p_m^{r_m} (0 \leqslant r_i \leqslant k_i, i = 1, 2, \cdots, m).$$

由第一 Sylow 定理可得群 G 中必有 $p_i^{r_i}$ 阶子群 $N_i (i = 1, 2, \cdots, m)$. 设

$$N = N_1 \times N_2 \times \cdots \times N_m,$$

则 N 为 G 的 d 阶子群.

□

定理 2.4.2（Frattini 论断） 设 $N \lhd G$，P 为 N 的任一个

Sylow 子群，则

$$G = N_G(P)N.$$

证明　设 $\Omega = \mathrm{Syl}_p(N)$，$G$ 共轭作用在集合 Ω 上. 对任意的 $g \in G$，设 P 为 N 的任一个 Sylow 子群，且有 $P^g = P_1$. 由第二 Sylow 定理可知 N 在集合 Ω 上的作用是传递的，故存在 $n \in N$ 使得 $P^n = P_1$，因此可得 $P^{g^{n^{-1}}} = P$，$gn^{-1} \in N_G(P)$，故有

$$g = (gn^{-1})n \in N_G(P)N.$$

从而可得 $G = N_G(P)N$.

□

定理 2.4.3　设 G 为有限的幂零群，则当且仅当 G 可表示成其自身的 Sylow 子群的直积.

证明　设 G 为有限的幂零群，P 为 G 的任意一个 Sylow 子群，下证 P 正规于 G. 因为 G 为幂零群，进而可得 $P < N_G(P)$. 如果 $N_G(P) \neq G$，不妨设存在群 G 的极大子群 M 使得 $N_G(P) \leqslant M \trianglelefteq G$，又由 Frattini 论断可得 $N_G(P)M = G, M = G$，矛盾. 故有 $N_G(P) = G$，即得 $P \trianglelefteq G$，由定理 2.4.1 可得 G 可表示成其自身的 Sylow 子群的直积.

反之，若 G 可表示成其自身的 Sylow 子群的直积，由每个 Sylow 子群的幂零性及定理 1.5.2 易得结论成立.

□

定理 2.4.4　设 N, D 为有限群 G 的正规子群，且 $D \trianglelefteq N$，$D \leqslant \Phi(G)$. 若 $\dfrac{N}{D}$ 是幂零群，则 N 也是幂零群.

证明　设 P 是 N 的一个 Sylow p-子群，则 $\dfrac{PD}{D}$ 也是 $\dfrac{N}{D}$ 的一个 Sylow p-子群. 因为 $\dfrac{N}{D}$ 是幂零群，由于 $\dfrac{PD}{D}$ 是 $\dfrac{N}{D}$ 的唯一的 Sylow p-子群，故可得 $\dfrac{PD}{D} \mathrm{char} \dfrac{N}{D} \trianglelefteq \dfrac{G}{N}$，进而有 $\dfrac{PD}{D} \trianglelefteq \dfrac{G}{N}$，$PD \trianglelefteq G$. 由 Frattini 论断得 $G = PDN_G(P) = DN_G(P)$，又由 $D \leqslant \Phi(G)$，得 $G = N_G(P)$，因此有 $P \trianglelefteq G$，进而 $P \trianglelefteq N$，故得 N 的任一个 Sylow p-

子群都正规, 故可得 N 为幂零群.

□

定理 2.4.5 设 G 为有限群, 则有:

(1) 群 G 的 Frattini 子群 $\Phi(G)$ 幂零;

(2) 如果 $\dfrac{G}{\Phi(G)}$ 幂零, 则 G 也幂零;

(3) G 为幂零群当且仅当 $G' \leqslant \Phi(G)$.

证明 (1) 在定理 2.4.4 中取 $N = D = \Phi(G)$, 则有 $\dfrac{N}{D} = 1$ 幂零, 从而可得结论成立.

(2) 在定理 2.4.4 中取 $N = G, D = \Phi(G)$ 则可得证.

(3) 设 G 为幂零群, 则由定理 1.5.3 可得群 G 的任一个极大子群 M 在 G 中的指数为素数 p, 从而可得 $\dfrac{G}{M}$ 为交换群, 进而有 $G' \leqslant M$. 由 M 的任意性, $G' \leqslant \Phi(G)$. 反之, 若 $G' \leqslant \Phi(G)$, 则 $\dfrac{G}{\Phi(G)}$ 交换, 从而可得 $\dfrac{G}{\Phi(G)}$ 幂零, 又由 (2) 可得 G 也是幂零群.

□

记符号 $\mho_1(G) = \langle g^p \mid g \in G \rangle$, 则易知 $\mho_1(G) \trianglelefteq G$, 且 $\exp(\dfrac{G}{\mho_1(G)}) = p$. 则有以下结论成立.

定理 2.4.6 设 G 为一个有限 p 群, 则有 $\Phi(G) = G'\mho_1(G)$, 且 $\dfrac{G}{\Phi(G)}$ 是初等交换 p 群. 进一步, 若 $N \trianglelefteq G$ 且 $\dfrac{G}{N}$ 是初等交换 p 群, 则 $\Phi(G) \leqslant N$.

证明 由于 G 为一个有限 p 群, 故群 G 为幂零群. 对群 G 的任意一个极大子群 M, 由定理 1.5.3 可得 $M \trianglelefteq G$ 且 $\left| \dfrac{G}{M} \right| = p$. 故有对任意的 $g \in G$, $g^p \in M$. 由于 M 是群 G 的任意一个极大子群, 故可得 $g^p \in \Phi(G)$, 进而有 $\mho_1(G) \leqslant \Phi(G)$. 由定理 2.4.5 的 (3) 得 $G' \leqslant \Phi(G)$, 故有 $G'\mho_1(G) \leqslant \Phi(G)$.

反之, 若 $N \trianglelefteq G$ 且 $\dfrac{G}{N}$ 是初等交换 p 群, 断言 $\Phi(G) \leqslant N$. 因为

$\dfrac{G}{N}$ 是初等交换 p 群，故 $\dfrac{G}{N}$ 同构于 $\mathrm{GF}(p)$ 上的一个有限维向量空间的加群，取 $x \in G-N$，则 $\dfrac{G}{N}$ 存在一组基

$$\{xN, x_2N, \cdots, x_kN\},$$

又由于

$$G = \langle x_1, x_2, \cdots, x_k, N \rangle > \langle x_2, \cdots, x_k, N \rangle,$$

故可得 $x \notin \varPhi(G)$，从而有 $\varPhi(G) \leqslant N$. 因为 $\dfrac{G}{G'\mho_1(G)}$ 是初等交换 p 群，故有 $\varPhi(G) \leqslant G'\mho_1(G)$，进而得 $\varPhi(G) = G'\mho_1(G)$.

□

§2.5　有限交换群

由上一节中推论 2.4.1 可知，有限交换群可以分解成其 Sylow p 子群的直积，因此有限交换群的分解问题可转化成有限交换 p 群的分解问题. 下面我们就来讨论有限交换 p 群的直积分解.

定理 2.5.1　设 G 为有限交换 p 群，则 G 为循环群当且仅当 G 的 p 阶子群唯一.

证明　必要性显然.

下证充分性. 设 G 有唯一的 p 阶子群 P，对 $|G|$ 作归纳法. 作 G 的自同态映射

$$\eta : a \to a^p (\forall a \in G),$$

显然 $\mathrm{Ker}\eta = P$. 由同态基本定理可得 $\dfrac{G}{P} \cong G^\eta$，故有 $|G:G^\eta| = p$.

如果 $G^\eta = 1$，则循环；如果 $G^\eta \neq 1$，则必有 $P \leqslant G^\eta$. 由归纳假设可得 G^η 循环. 不妨设 $G^\eta = \langle b \rangle$ 且 b 的一个原象为 a，即 $a^\eta = b = a^p$，故有

$$|\langle a \rangle : \langle b \rangle| = |\langle a \rangle : G^\eta| = p.$$

又由前面所证 $|G:G^\eta|=p$ 即得 $G=\langle a\rangle$.

□

引理 2.5.1 设 G 为有限交换 p 群且非循环，则在 G 中存在一个最大阶元 a 和子群 $H\leqslant G$，使得 $G=\langle a\rangle\otimes H$.

证明 对 $|G|$ 作归纳法. 因为群 G 非循环，故 G 中至少存在两个 p 阶子群. 不妨设 P 为群中一个不含在 $\langle a\rangle$ 中的 p 阶子群. 作商群 $\overline{G}=\dfrac{G}{P}$，则 aP 仍为 G 的一个最大阶元. 由归纳假设，存在 $\overline{H}\leqslant\overline{G}$ 使得 $\overline{G}=\dfrac{\langle a\rangle P}{P}\otimes\overline{H}$. 设 $\overline{H}=\dfrac{H}{P}$，则显然 $P\leqslant H$ 且有 $G=\langle a\rangle H$. 下证 $\langle a\rangle\bigcap H=1$. 因为 $\langle a\rangle\bigcap H\leqslant P$，所以 $\langle a\rangle\bigcap H=1$ 或 P，又因为 P 不包含于 $\langle a\rangle$ 中，因此可得 $P\leqslant_{\neq}\langle a\rangle$，故综上可得

$$G=\langle a\rangle\otimes H.$$

□

下述定理称为有限交换群基本定理，它表明如果两个有限交换群同构，则当且仅当它们有相同的型不变量.

定理 2.5.2 设 G 为有限交换 p 群，则 G 可分解成循环子群的直积

$$G=\langle a_1\rangle\otimes\langle a_2\rangle\otimes\cdots\langle a_s\rangle,$$

其中 a_i 的阶 p^{e_i} 由群 G 唯一决定. 称 $p^{e_1},p^{e_2},\cdots,p^{e_s}$ 为 G 的型不变量，称 $\{a_1,a_2,\cdots,a_s\}$ 为群 G 的基底.

证明 如果群 G 为循环群，则定理显然成立. 下设 G 非循环，多次使用引理 2.5.1 即得群 G 的分解.

下证分解的唯一性，仍利用归纳法. 设

$$G=\langle a_1\rangle\otimes\langle a_2\rangle\otimes\cdots\otimes\langle a_r\rangle=\langle b_1\rangle\otimes\langle b_2\rangle\otimes\cdots\otimes\langle b_s\rangle,$$

其中 a_i 的阶为 $p^{e_i}(i=1,2,\cdots,r)$，b_i 的阶为 $p^{n_i}(i=1,2,\cdots,s)$.

设 $\Omega_1(G)=\{a\in G\,|\,a^p=1\}$，$\mho_1(G)=\{a^p\,|\,a\in G\}$，则易证 $\Omega_1(G)$ 和 $\mho_1(G)$ 均为群 G 的子群，且经过适当的调换次序后总可设

$$e_1\geqslant e_2\geqslant\cdots\geqslant e_r\geqslant 1,n_1\geqslant n_2\geqslant\cdots\geqslant n_r\geqslant 1.$$

则 $a_1^{p^{e_1-1}},a_2^{p^{e_2-1}},\cdots,a_r^{p^{e_r-1}}$ 就为 $\Omega_1(G)$ 的一组基底，故 $|\Omega_1(G)|=$

P^r. 如果 $e_1=e_2=\cdots e_r=1$，则 $\mho_1(G)=1$. 否则 $a_1^p,a_2^p,\cdots,a_m^p$ $(1\leqslant m\leqslant r)$ 就为 $\mho_1(G)$ 的一组基底. 另一方面，$b_1^{p^{n_1-1}},b_2^{p^{n_2-1}},\cdots,$ $b_i^{p^{n_s-1}}$ 也为 $\Omega_1(G)$ 的一组基底，同理可得 $|\Omega_1(G)|=P^s$，从而 $s=r$. 如果 $\mho_1(G)=\{b^p\,|\,b\in G\}=1$，则必有 $n_1=n_2=\cdots n_s=1$，定理成立. 下设 $\mho_1(G)=\{b^p\,|\,b\in G\}\neq 1$，不妨设 $b_1^p,b_2^p,\cdots,b_m^p$ 为 $\mho_1(G)$ 的一组基底，则有 $\mho_1(G)=\langle a_1^p\rangle\otimes\langle a_2^p\rangle\otimes\cdots\otimes\langle a_m^p\rangle=\langle b_1^p\rangle\otimes\langle b_2^p\rangle\otimes\cdots\otimes\langle b_{m'}^p\rangle$. 因为 $|\Omega_1(G)|<|G|$，由归纳假设可得 $m=m'$ 且 $o(a_i^p)=o(b_i^p),i=1,2,\cdots,m$，故有 $o(a_i)=o(b_i),i=1,2,\cdots,s$.

□

由上述定理可知，如果有限交换群 $G_1=G_2$ 同构，则当且仅当 G_1 和 G_2 有相同的型不变量. 因此有限交换群是由它的型不变量唯一决定的. 由上述定理及上节中的推论 2.4.1 可得有限交换群的基本定理.

定理 2.5.3　有限交换群 G 可唯一地表示成
$$G=\langle a_1\rangle\otimes\langle a_2\rangle\otimes\cdots\otimes\langle a_s\rangle,$$
其中 $o(a_i)>1$ 且 $o(a_i)\,|\,o(a_{i+1}),i=1,2,\cdots,s-1$. 称 $o(a_i)$ 为群 G 的不变因子.

例 2.5.1　求出所有 72 阶交换群.

解　因为 $72=2^3\times 3^2$，故可得其型不变量为以下情形
$$\{2,2,2,3,3\},\{2,2^2,3,3\},\{2^3,3,3\},$$
$$\{2,2,2,3^2\},\{2,2^2,3^2\},\{2^3,3^2\}.$$
对应可得其不变因子组为
$$\{2,6,6\},\{6,12\},\{3,24\},\{2,2,18\},\{2,36\},\{72\}.$$
故可得 72 阶交换群共有 6 个，分别为
$$C_2\otimes C_6\otimes C_6,C_6\otimes C_{12},C_3\otimes C_{24},C_2\otimes C_2\otimes C_{18},C_2\otimes C_{36},C_{72}.$$

例 2.5.2　p^4 阶交换群的不变因子组分别为
$$\{p,p^3\},\{p^2,p^2\},\{p,p,p^2\},\{p,p,p,p\},\{p^4\}.$$
故可得 p^4 阶交换群共有 5 个，分别为
$$C_p\otimes C_{p^3},C_{p^2}\otimes C_{p^2},C_p\otimes C_p\otimes C_{p^2},C_{p^4},C_p\otimes C_p\otimes C_p\otimes C_p.$$

§2.6 p 临界群

令 p 表示群的任意一个性质,如交换、循环等,如果群 G 具有性质 p,则称群 G 为 p 临界群.在研究某类群时,p 临界群的性质将会起到非常重要的作用,本节我们将给出 p 临界群的相关知识.

定义 2.6.1 设 p 为一个群的性质,如果由群 G 是 p 群可以得到群 G 的任一个子群也是 p 群,则称性质 p 是子群遗传的.如果由群 G 是 p 群可以得到群 G 的任一个商群也是 p 群,则称性质 p 是商群遗传的.

由 p 临界群的定义易知群的交换性、循环性和幂零性都是子群和商群遗传的,称群 G 的任意一个子群的商群为群 G 的一个截段.如果性质 p 既是子群遗传也是商群遗传的,则可由群 G 是 p 群能推出群 G 的每一个截段也是 p 群.

定义 2.6.2 设 p 为任意一个群的性质且群 G 不是 p 群.如果群 G 的每一个真子群都是 p 群,则称群 G 是一个内 p 群;如果群 G 的每一个真商群都是 p 群,则称群 G 是一个外 p 群;如果群 G 的每一个真子群和真商群都是 p 群,则称群 G 是一个极小非 p 群.

定理 2.6.1 内幂零群必为可解群.

证明 设 G 为极小阶反例,则可得 G 的每个自然同态象的真子群也幂零.对 G 的任一个真正规子群 $N \neq 1$,则 N 幂零,$\dfrac{G}{N}$ 可解,故可得 G 可解.故可得 G 只能是非交换的单群.

选择 G 的两个互不相同的极大子群 M_1,M_2,使得 $D=M_1 \bigcap M_2$ 的阶最大.

假设 $D>1$,由 M_1,M_2 的幂零性可得

$$1<D<N_{M_i}(D)=H_i, i=1,2.$$

则有 $D \lhd H_i \leqslant M_i, i=1,2$.又由 G 为单群可得 $N_G(D)<G$,故必

然存在 G 的极大子群 $M_3 \geqslant N_G(G)$. 由 $D < H_1 \leqslant M_1 \bigcap M_3$ 和 D 的最大性可得 $M_1 = M_3$. 类似可得 $M_2 = M_3$, 故有 $M_1 = M_2$, 与 M_1, M_2 的选择矛盾.

因此群 G 的任意两个极大子群的交都为 1. 由群 G 的单性可得, 对 G 的任意一个极大子群 M, 必有 $N_G(M) = M$, 因此可得 M 在群 G 中的共轭子群的个数为 $|G:M|$.

下面计算群 G 的阶. 设 $M_i (i = 1, 2, \cdots, s)$ 为群 G 的极大子群共轭类的代表, 则

$$|G| = 1 + \sum_1^s (|M_i| - 1) |G:M_i| = 1 + s|G| - \sum_1^s |G:M_i|.$$

因为 $|G:M_i| \leqslant \dfrac{|G|}{2}$, 故有

$$|G| \geqslant 1 + s|G| - \frac{s|G|}{2} = 1 + \frac{s|G|}{2}.$$

由上式可得 $s = 1$, 因此群 G 的极大子群在 G 中正规, 与 G 为单群矛盾. 故 G 是可解群.

$\square$

定理 2.6.2　设群 G 为有限内幂零群, 则有 $|G| = p^a q^b$, 其中 p, q 为互异的素数. 且有 G 的 Sylow p-子群 $P \lhd G$, G 的 Sylow q-子群 Q 循环, 但不是 G 的正规子群, 满足 $\Phi(Q) \leqslant Z(G)$.

证明　由定理 2.6.1 可得 G 为可解群. 设 $|G| = p_1^{a_1} \cdots p_r^{a_r} (a_i > 0)$, 由于有限 p 群是幂零群, 故必有 $r > 1$. 由 G 为可解群, 可得 G 中存在极大子群 $M \lhd G$ 且 $|G:M| = p_1$ 为素数. 由 M 的幂零性, 可得 M 的 Sylow p-子群是 M 的特征子群, 又由于 $M \lhd G$, 故可得 M 的 Sylow p-子群是 G 的正规子群. 令 P_i 为 M 的一个 Sylow p_i-子群, 则当 $i > 1$ 时, P_i 也是 G 的 Sylow p_i-子群, 故有 $P_i \lhd G$. 假设 $r \geqslant 3$, 设 P_1 是 G 的 Sylow p_1-子群, 则有 $P_1 P_i < G$, 故得 $P_1 P_i$ 幂零, 从而对 $i > 1$, P_1 的元素与 P_i 中的元可交换, 故可得 $P_1 \lhd G$. 进而有 $G = P_1 \times P_2 \times \cdots \times P_r$, 得 G 为幂零群, 与 G 为内幂零群矛盾. 故 $r = 2$.

设 $|G| = p^a q^b$. 由上述证明过程可知, G 有正规的 Sylow p-

子群 P, 设 $Q=\langle x_1, x_2, \cdots, x_d \rangle$ 为 G 的一个 Sylow q-子群, 若 Q 的生成元的个数 $d>1$, 则对于 $i=1,2,\cdots,d$, 有 $P\langle x_i \rangle<G$, 故可得 $P\langle x_i \rangle$ 幂零, 进而有 x_i 与 P 交换, 又由 x_i 的任意性可得 P 与 Q 可交换. 故可得 $G=PQ=P\times Q$, G 为幂零群, 矛盾. 故 $d=1$, Q 为循环群.

由于 $P\Phi(Q)<G$, 所以 $P\Phi(Q)$ 幂零. 进而有 $\Phi(Q)$ 与 P 中元素可交换, 故可得 $\Phi(Q)\leqslant Z(G)$.

□

§ 2.7 DS(k) 群

有限交换群的结构已经非常清楚了, 作为交换性的一个延拓, 本节我们来讨论一类和交换群密切相关的群, 即 DS(k) 群, 然后给出两个有限群是交换群的充分条件.

定义 2.7.1 设 G 为群, k 为大于 1 的正整数. 如果对于群 G 的任一个 k 元子集 A, 记 $A^2=\{a_i a_j \mid a_i a_j \in A\}$, 都有 $|A^2|<k^2$, 则称群 G 在 k-子集上满足小平方特性, 记为 $G\in$ DS(k).

显然, 如果群 G 为交换群, 则对 G 的任意 k 元子集 A 都有

$$|A^2|\leqslant \frac{k(k+1)}{2}\leqslant k^2.$$

故若 G 为交换群, 则 $G\in$ DS(k). 但反之, 显然不成立. 下面定理告诉我们, 若 $G\in$ DS(k), 如果对群 G 的条件适当加强后, 可得 G 是交换群. 为证明该定理, 下面首先给出一个引理.

引理 2.7.1 设 G 为有限群, k 为大于 2 的整数, 且 $(k^3-k)<\frac{|G|}{2}$. 如果对于 G 的每个 k 元子集 A, 都有 $|A^2|\leqslant\frac{k(k+1)}{2}$, 则对群 G 的每一个 $l(2\leqslant l\leqslant k)$ 元子集 B, 都有 $|B^2|\leqslant\frac{l(l+1)}{2}$.

证明 对 l 作归纳法. 当 $l=2$ 时, 定理显然成立. 假设定理对 $l<k-1$ 时成立. 设存在 $B\subseteq G$ 且 $|B|=k-1$, 使得 $|B^2|>$

$\dfrac{(k-1)k}{2}$. 由条件知 $|B^2|\leqslant\dfrac{k(k+1)}{2}$，令 $B=\{b_1,b_2,\cdots,b_{k-1}\}$，记 $K_1^B=\{x\in G\mid xB\bigcap B^2\neq\varnothing\}$，$K_2^B=\{x\in G\mid Bx\bigcap B^2\neq\varnothing\}$，则 $x\in K_1^B$ 当且仅当存在 $b_i,b_j,b_k\in B$ 使得 $x=(b_jb_k)b_i^{-1}$，故可得

$$|K_1^B|\leqslant|B^2|\,|B|\leqslant\dfrac{k(k+1)}{2}(k-1)=\dfrac{k^3-k}{2}.$$

同理可得 $|K_2^B|\leqslant\dfrac{k^3-k}{2}$，因此

$$|K_1^B\bigcup K_2^B|\leqslant k^3-k. \qquad (1)$$

取 $x\in G$ 且 $x\notin K_1^B\bigcup K_2^B$，令 $A=B\bigcup\{x\}$，则 $|A|=k$，$A^2=B^2\bigcup Bx\bigcup xB\bigcup\{x^2\}$，由 x 的选择得

$$|B^2\bigcup xB|=|B^2|+|xB|-|B^2\bigcap xB|=|B^2|+(k-1).$$

若 $xB\neq Bx$，则

$$|A^2|\geqslant|B^2|+k>\dfrac{(k-1)k}{2}+k=\dfrac{(k+1)k}{2},$$

矛盾. 故可得对于任意的 $x\in G\backslash\{K_1^B\bigcup K_2^B\}$，有

$$xB=Bx, \qquad (2)$$

记 $N_G(B)=\{x\in G\mid x^{-1}Bx=B\}$，由 (1)，(2) 式可得

$$|G\backslash N_G(B)|\leqslant k^3-k.$$

又由已知条件知 $\dfrac{|G|}{2}>(k^3-k)$，得 $G=N_G(B)$. 即对于任意的 $g\in G$，都有 $gB=Bg$.

特别地，对于任意的 $a^4b=ba^4K^2b_i\in B$，有 $Bb_i=b_iB$，因此可得

$$|B^2|\leqslant\dfrac{(k-1)k}{2},$$

矛盾. 故结论对 $l=k-1$ 时也成立.

□

定理 2.7.1　设 G 为有限群，k 为大于 2 的整数，且 $(k^3-k)<\dfrac{|G|}{2}$. 如果对于 G 的每个 k 元子集 A，都有 $|A^2|\leqslant\dfrac{k(k+1)}{2}$，则 G 为交换群.

证明 设 G 为满足定理条件的群且 G 非交换，由引理 2.7.1 知，对 G 的任意一个 $l(2 \leqslant l \leqslant k)$ 元子集 B，都有 $|B^2| \leqslant \dfrac{l(l+1)}{2}$. 特别地，当 $l=2$ 时结论也成立，故 $G \in DS(2)$. 由式(1)(2)得 $G = Q_8 X Z$，其中 Q_8 为四元数群，Z 为初等变换 z 群。取 $i,j,k \in Q_8$，考虑 Q_8 的 3 元子集 $B = \{(i,1),(j,1),(k,1)\}$，则 $|B^2| > 6$，与 $|B^2| \leqslant \dfrac{l(l+1)}{2}$ 矛盾，故群 G 为交换群.

易知，在 $k^2 = \{a^2, a^2b, ab^2, aba, abab, ab^3, b^2a, b^2ab, b^4\}$ 中，只有 $a^2 \in M$，ab^3 和 b^2ab 属于 M 当且仅当 $b^3 \in M$. 因为 $a^2N \bigcap aN = \varnothing$，而 $ab^3 \in aN, b^2ab \in aN, a^2 \in a^2N$，故 $a^2 \neq b^2ab$，$a^2 \neq ab^3$，因此可得 a^2 与 k^2 中其他元都不相同. 又由 $b^4 \in N$，同理可得 b^4 与 k^2 中其他元也都不相同. 下面考虑 k^2 中属于 a^2N-M 的元 a^2b，aba 和 $abab$. 若 $a^2b = aba$，则得 $ab = ba$，矛盾；若 $a^2b = abab$ 或 $aba = abab$，则得 $b=1$，与 b 的取法矛盾，故 $a^2b, aba, abab$ 互斥且与 k^2 中其他元都不相同. 下面考虑 aN 中元 ab^2, ab^3, b^2a 和 b^2ab. 因为 ab^2 和 b^2a 属于陪集 b^2M，而 ab^3 和 b^2ab 属于陪集 b^3M，故只可能 $ab^2 = b^2a$，$b^2ab = ab^3$. 又若 $ab^2 = b^2a$，则由 b 的阶为奇数可得 b 与 a 可互换，故 $ab^2 \neq b^2a$，由此可得 $b^2ab \neq ab^3$.

□

下面假设 G 为一个有限非交换群，且 G 不是 2 群，$G \in DS$ (3)，则 G 有下列性质.

引理 2.7.2 奇数阶群 G 的 Sylow 子群是交换的.

证明 反证法. 设 p 为 G 的阶的任意一个素因子，假设 G 中存在一个非交换的 p 子群 P，则显然有 $\dfrac{P}{Z(P)}$ 非循环，故 P 中必存在两个互异的极大子群 M 和 N，且 M, N 中包含 $Z(P)$，$M \trianglelefteq P$，$N \trianglelefteq P$. 令 $Q = M \bigcap N$，取 $a \in M-Q$，则有 $M = \langle M-Q \rangle$，$N = \langle N-Q \rangle$. 因此 $\langle a, N-Q \rangle = \langle a, N \rangle = P$，且至少存在一个元素 $b \in N-Q$ 使得 $ab \neq ba$ (如果 a 与 $N-Q$ 中每个元素都交换，则 $a \in Z(P) \leqslant Q$，与 $a \in M-Q$ 矛盾). 取一个 3 元子集 $K = \{a,$

ab,b^2 }，则我们可以证明

$$K^2 = \{a^2,a^2b,ab^2,aba,abab,ab^3,b^2a,b^2ab,b^4\}$$

中包含 9 个互异的元素，矛盾.

□

定理 2.7.2　设 G 为有限群，且 $G \in \mathrm{DS}(3)$. 如果 $|G|$ 为奇数，则 G 为交换群.

证明　设 G 为极小阶反例，则 G 的真子群都为交换群. 若 G 为幂零群，则 G 为其 Sylow 子群的直积. 又由引理 2.7.2,可得 G 为交换群，矛盾，故 G 为非幂零群. 因此 $|G| = p^u q^v$，其中 p,q 为不同的素数，且 G 有一个循环的 Sylow p-子群 $P = \langle a \rangle$ 且 $P \ntrianglelefteq G$ 和一个正规的 Sylow q-子群 Q. 因为 G 非交换，故 $a \notin \zeta_G(Q)$，则至少存在一个元素 $b \in Q$ 使得 $ab \neq ba$. 若 $|P| = p^u > 3$，令 $K = \{b,a,ba^2\}$，则 $K^2 = \{b^2,b^2a^2,ba,ba^2b,ba^3,ba^2ba^2,a^2,ab,ab^2a\}$. 下证 $|K^2| = q$.

$K^2 \bigcap Q = b^2$，$K^2 \bigcap aQ = \{ab,ba\}$，显然 $ab \gneq \neq ba$. $K^2 \bigcap a^3Q = \{ba^3,aba^2\}$，下面只须考察 $K^2 \bigcap a^2Q = \{b^2a^2,ba^2b,a^2\}$ 的中元. 显然 $b^2a^2 \neq a^2$，若 $b^2a^2 = ba^2b$，则有 $ba^2 = a^2b$，由于 a 的阶是奇数，故 $ab = ba$，矛盾. 若 $ba^2b = a^2$，可得 $a^{-2}ba^2 = b^{-1}$，$a^{-4}ba^4 = a^{-2}(a^{-2}ba^2)a^2 = a^{-2}b^{-1}a^2 = b$，得 $a^4b = ba^4$，又由 a 的阶为奇数，得 $ab = ba$. 故 K^2 中元都是两两互异的，故 $|K^2| = q$ 与 $G \in \mathrm{DS}$ (3)矛盾. 故 $|P| = p^u = 3$，由 $P = \langle a \rangle$ 得 $o(a) = 3$，又取 $K = \{a,b,ab\}$，则

$$K^2 = \{a^2,a^2b,ab,aba,ab^2,abab,ba,b^2,bab\}.$$

则 $K^2 \bigcap Q = b^2$，$K^2 \bigcap aQ = \{ab,ab^2,ab,bab\}$，在这些元素中，只可能 $ab^2 = ba$. 若 $ab^2 = ba$，则 $a^{-1}ba = b^2$，因为 $o(a) = 3$，所以 $b = a^{-3}ba^3 = b^8$，故有 $b^7 = 1$. 则 $\langle a,b \rangle$ 为 G 的一个非交换的 21 阶子群，由 G 的极小性得 $G = \langle a,b \rangle$，此时若令 $L = \{a,b^2,ab\}$，则易验证得 $|L^2| = q$，矛盾. 故可得 ab,ab^2,ba 和 bab 都互不相同. 下面考察 $K^2 \bigcap a^2Q = \{a^2,a^2b,aba,abab\}$，这些元素可能相同的有 a^2 和 $abab$. 若 $a^2 = abab$，则有 $a^{-1}ba = b^{-1}$，进而有 $a^{-2}ba^2 = b$，

故有 $ba^2 = a^2b$，又由 $o(a) = 3$ 得 $ab = ba$，矛盾，故 $a^2 \neq abab$．故 $|K^2| = q$，矛盾．

$\square$

参考文献

[1] 唐高华. 近世代数[M]. 北京：清华大学出版社，2008.

[2] 韩士安. 近世代数[M]. 北京：科学出版社，2004.

[3] 王萼芳. 有限群论基础[M]. 北京：清华大学出版社，2002.

[4] 徐明曜. 有限群导引（上册）[M]. 北京：科学出版社，1999.

[5] L. BRAILOVSKY（1993），A characterization of abelian groups，J. American mathematical society，117，no. 3，627—629.

[6] YA. G. BERROVICH, G. A. FREIMAN and CHERYL E. PRAEGER(1991)，J. Bull. Austral. Math，44，429—450.

第 3 章　重要的换位子公式

在第 1 章中已经给出一些基本的换位子公式，本章中将主要给出亚交换群中一些常用的换位子公式和 Hall-Petrescu 恒等式，这些公式是非常重要的，在第 5 章中群的计算中会经常用到.

§3.1　亚交换群的换位子公式

如果群 G 满足 $G''=1$，则称群 G 为亚交换群. 即称导群 G' 交换的群为亚交换群. 下面给出亚交换群中的一些基本换位子公式.

定理 3.1.1　设 G 是亚交换群，$x,y,z\in G$，则有：

(1)如果 $z\in G'$，则

$$[z,x]^{-1}=[z^{-1},x];$$

(2)如果 $y\in G'$，则

$$[xy,z]=[x,z][y,z],$$
$$[z,xy]=[z,x][z,y];$$

(3)对任意的 $x,y,z\in G$，有

$$[x,y^{-1},z]^y=[y,x,z];$$

(4)对任意的 $x,y,z\in G$，有

$$[x,y,z][y,z,x][z,x,y]=1;$$

(5)如果 $z\in G'$，则

$$[z,x,y]=[z,y,x].$$

证明　(1) 由定理 1.4.1 中的(3)及 G 的亚交换性得

$$[z,x]^{-1}=[z^{-1},x]^z=[z^{-1},x].$$

(2)由定理 1.4.1 中的(4)和(5)及 G' 的交换性即可得.

(3)由定理 1.4.1 中的换位子公式可得

$$[x,y^{-1},z]^y=[[x,y^{-1}]^y,z^y]=[[y,x],z[z,y]]$$
$$=[y,x,z][[y,x],[z,y]],$$

又由 G' 的交换性得 $[[y,x],[z,y]]=1$，故有

$$[x,y^{-1},z]^y=[y,x,z].$$

(4)由(3)和 Witt 公式(定理 1.4.1 中的(6))即可得.

(5)由 $z\in G'$ 及(4)得

$$[y,z,x][z,x,y]=1,$$

故有 $[z,x,y]=[y,z,x]^{-1}$，又由(1)得

$$[y,z,x]^{-1}=[[y,z]^{-1},x]=[z,y,x],$$

综上可得 $[z,x,y]=[z,y,x].$

$\square$

引理 3.1.1[1]　设 G 是亚交换群，$a,b\in G$，对于任意的 m,n $\in \mathbf{Z}^+$，则有

$$[a^m,b^n]=\prod_{i=1}^{m}\prod_{j=1}^{n}[ia,jb]^{\binom{m}{i}\binom{n}{j}}.$$

证明　对 $m+n$ 作归纳法. 当 $m+n=2$ 时上式显然成立. 设 $m+n>2$，此时 m,n 中必然有一个大于 1.

若 $n>1$，则

$$[a^m,b^n]=[a^m,b][a^m,b^{n-1}]^b.$$

由归纳假设得

$$[a^m,b^n]=\prod_{i=1}^{m}[ia,b]^{\binom{m}{i}}\left(\prod_{i=1}^{m}\prod_{j=1}^{n-1}[ia,jb]^{\binom{m}{i}\binom{n-1}{j}}\right)^b$$

$$=\prod_{i=1}^{m}[ia,b]^{\binom{m}{i}}\cdot\prod_{i=1}^{m}\prod_{j=1}^{n-1}([ia,jb][ia,(j+1)b])^{\binom{m}{i}\binom{n-1}{j}}$$

$$=\prod_{i=1}^{m}([ia,b]^{\binom{m}{i}}[ia,b]^{\binom{m}{i}\binom{n-1}{1}}[ia,nb]^{\binom{m}{i}}\cdot$$

$$\prod_{j=2}^{n-1}[ia,jb]^{\binom{m}{i}\binom{n-1}{j}+\binom{m}{i}\binom{n-1}{j-1}})$$

$$=\prod_{i=1}^{m}([ia,b]^{\binom{m}{i}\binom{n}{1}}[ia,nb]^{\binom{m}{i}\binom{n}{n}}\prod_{j=2}^{n-1}[ia,jb]^{\binom{m}{i}\binom{n}{j}})$$

$$= \prod_{i=1}^{m} \prod_{j=1}^{n} [ia, jb]^{\binom{m}{i}\binom{n}{j}}.$$

当 $n=1$ 时，则 $m>1$. 此时有

$$[a^m, b] = [a^{m-1}, b]^a [a, b].$$

应用归纳假设得

$$[a^m, b] = \left(\prod_{i=1}^{m-1} [ia, b]^{\binom{m-1}{i}}\right)^a [a, b]$$

$$= \prod_{i=1}^{m-1} [ia, b]^{\binom{m-1}{i}} \prod_{i=1}^{m-1} [(i+1)a, b]^{\binom{m-1}{i}} \cdot [a, b]$$

$$= [a, b][a, b]^{\binom{m-1}{1}} \prod_{i=2}^{m-1} [ia, b]^{\binom{m-1}{i}} \prod_{i=2}^{m} [ia, b]^{\binom{m-1}{i-1}}$$

$$= [a, b]^{\binom{m}{1}} \left(\prod_{i=2}^{m-1} [ia, b]^{\binom{m}{i}}\right) [ma, b]^{\binom{m}{m}}$$

$$= \prod_{i=1}^{m} [ia, b]^{\binom{m}{i}}.$$

$\square$

定理 3.1.2[1]　设 G 是亚交换群，$a, b \in G, m \geqslant 2$，则

$$(ab^{-1})^m = a^m \left(\prod_{i+j \leqslant m} [ia, jb]^{\binom{m}{i+j}}\right) b^{-m}.$$

证明　对 m 作归纳法. 当 $m = 2$ 时，有

$$(ab^{-1})^2 = ab^{-1}ab^{-1} = a^2 b^{-1}[b^{-1}, a]bb^{-2} = a^2[a, b]b^{-2},$$

定理成立. 设 $m > 2$，由归纳假设有

$$(ab^{-1})^m = (ab^{-1})^{m-1} ab^{-1}$$

$$= a^{m-1} \prod_{i+j \leqslant m-1} [ia, jb]^{\binom{m-1}{i+j}} b^{-m+1} ab^{-1}$$

$$= a^{m-1} \prod_{i+j \leqslant m-1} [ia, jb]^{\binom{m-1}{i+j}} a[a, b^{m-1}] b^{-m}$$

$$= a^m \prod_{i+j \leqslant m-1} [ia, jb]^{\binom{m-1}{i+j}} \cdot$$

$$\left(\prod_{i+j\leqslant m-1}[(i+1)a,jb]^{\binom{m-1}{i+j}}\right)[a,b^{m-1}]b^{-m}.$$

又由引理 3.1.1 得

$$[a,b^{m-1}]=\prod_{j=1}^{m-1}[a,jb]^{\binom{m-1}{j}},$$

代入上式得

$$(ab^{-1})^m = a^m \prod_{j=1}^{m-2}[a,jb]^{\binom{m-1}{j+1}} \prod_{\substack{i+j\leqslant m-1\\i>1}}[ia,jb]^{\binom{m-1}{i+j}}\cdot$$

$$\prod_{\substack{i+j\leqslant m\\i>1}}[ia,jb]^{\binom{m-1}{i+j-1}}\prod_{j=1}^{m-1}[a,jb]^{\binom{m-1}{j}}b^{-m}$$

$$= a^m \prod_{j=1}^{m-2}[a,jb]^{\binom{m}{j+1}}[a,(m-1)b]\prod_{\substack{i+j\leqslant m-1\\i>1}}[ia,jb]^{\binom{m}{i+j}}\cdot$$

$$\prod_{\substack{i+j=m\\i>1}}[ia,jb]b^{-m}$$

$$= a^m \prod_{j=1}^{m-1}[a,jb]^{\binom{m}{j+1}}\prod_{\substack{i+j\leqslant m\\i>1}}[ia,jb]^{\binom{m}{i+j}}b^{-m}$$

$$= a^m \prod_{i+j\leqslant m}[ia,jb]^{\binom{m}{i+j}}b^{-m}.$$

$\square$

定理 3.1.3 设 G 为有限群，$n\in \mathbf{Z}^+$. 对任意的 $a_1,\cdots,a_i,$ $\cdots,a_n,b_i\in G,1\leqslant i\leqslant n$,有：

（1）$[a_1,\cdots,a_ib_i,\cdots,a_n]\equiv[a_1,\cdots,a_i,\cdots,a_n][a_1,\cdots,b_i,\cdots,a_n](\bmod G_{n+1})$;

（2）$[a_1,\cdots,a_i^{-1},\cdots,a_n]\equiv[a_1,\cdots,a_i,\cdots,a_n]^{-1}(\bmod G_{n+1})$;

（3）对任意 $i_1,i_2,\cdots,i_n\in\mathbf{Z}$, 则有

$$[a_1^{i_1},\cdots,a_n^{i_n}]\equiv[a_1,\cdots,a_n]^{i_1\cdots i_n}(\bmod G_{n+1}).$$

证明（1）容易证明如下结论：

①对任意的 $a,b\in G_i,d\in G$, 有

$$[ab,d]\equiv[a,d][b,d](\bmod G_{i+2});$$

②对任意 $a,b\in G,d\in G_i$, 有

$$[d,ab] \equiv [d,a][d,b] (\mod G_{i+2});$$

③若 $a \equiv b (\mod G_{i+1}), d \in G$，则

$$[a,d] \equiv [b,d] (\mod G_{i+2}).$$

应用①～③对 n 作归纳法即可证明(1)式成立.

（2）由(1)可得

$$1 = [a_1, \cdots, a_i a_i^{-1}, \cdots, a_n]$$

$$\equiv [a_1, \cdots, a_i, \cdots, a_n][a_1, \cdots, a_i^{-1}, \cdots, a_n] (\mod G_{n+1}),$$

由上式可得(2)式成立.

（3）在(2)式中可设 $i_1, \cdots, i_i, \cdots, i_n \in \mathbf{Z}^+$，对 $i_1 + \cdots + i_n$ 作归纳法，再由(1)可得结论成立.

$\square$

定理 3.1.4[2]　设 G 为有限群,对任意的 $a, b \in G$ 有：

(1)如果 $[a,b]$ 与 a 可交换，则对任意的正整数 n 都有

$$[a^n, b] = [a,b]^n;$$

(2)如果 $[a,b]$ 与 a 和 b 都可交换,则对一切正整数 n 都有

$$(ab)^n = a^n b^n [b,a]^{\binom{n}{2}}.$$

证明　（1）对 n 作归纳法. 当 $n=1$ 时结论显然成立，设 $n > 1$，则

$$[a^n, b] = [aa^{n-1}, b] = [a,b]^{a^{n-1}}[a^{n-1}, b],$$

又由 $[a,b]$ 与 a 交换得

$$[a,b]^{a^{n-1}}[a^{n-1}, b] = [a,b][a^{n-1}, b],$$

由归纳假设得

$$[a^{n-1}, b] = [a,b]^{n-1}.$$

综上可得

$$[a^n, b] = [a,b]^n.$$

（2）当 $n=1$ 时结论显然成立，设 $n > 1$，由归纳假设可得

$$(ab)^n = (ab)^{n-1} ab = a^{n-1} b^{n-1} [b,a]^{\binom{n-1}{2}} ab.$$

又由 $[b,a] = [a,b]^{-1}$ 与 a 和 b 都可交换得

$$上式 = a^{n-1}b^{n-1}ab[b,a]^{\binom{n-1}{2}}$$

$$= a^{n-1}ab^{n-1}b^{-(n-1)}a^{-1}b^{n-1}ab[b,a]^{\binom{n-1}{2}}$$

$$= a^n b^{n-1}[b^{n-1},a]b[b,a]^{\binom{n-1}{2}}$$

$$= a^n b^{n-1}[b,a]^{n-1}b[b,a]^{\binom{n-1}{2}}$$

$$= a^n b^{n}[b,a]^{\binom{n}{2}}.$$

□

§3.2 Hall-Petrescu 恒等式

本节将给出 p 群理论中十分重要的一个公式，由于该公式由 J. Petrescu 改进了形式，故也称之为 Hall-Petrescu 恒等式．

定理 3.2.1[1-2]（**P. Hall 和 J. Petrescu**） 设 G 为群，$x,y \in G$，$H = \langle x,y \rangle$，m 为任一给定的正整数，则存在 $c_i \in H_i$（这里 H_i 是 H 的下中心群列的第 i 项，$i = 2,3,\cdots,m$），使得

$$x^m y^m = (xy)^m c_2^{\binom{m}{2}} c_3^{\binom{m}{3}} \cdots c_m^{\binom{m}{m}}. \tag{1}$$

证明 设 F 为秩为 $2m$ 的自由群，$X = \{x_1, x_2, \cdots, x_m, y_1, y_2, \cdots, y_m\}$ 为其自由生成系，且满足 $X \cap G = \varnothing$．令 $X_i = \{x_i, y_i\}$，$i = 1,2,\cdots,m$，$M = \{1,2,\cdots,m\}$，则可得 $X = \bigcup_{i=1}^{m} X_i$．下对 M 的所有非空子集构成的集合 $\wp$ 编一个良序：设 $S,T \in \wp$，规定 $S < T$，如果 $|S| < |T|$，或者 $|S| = |T|$，但在字典式编序中 S 先于 T（在字典式编序下比较子集 S 和 T，应先把 S 和 T 中元素按从小到大的顺序排序，然后再比较）．这样，在 $\wp$ 中一元子集 $\{1\}$，$\{2\}$，$\cdots$，$\{m\}$ 排在最前面，然后是二元子集 $\{1,2\}$，$\{1,3\}$，$\cdots$，$\{1,m\}$，$\{2,3\}$，$\cdots$，$\{2,m\}$，$\cdots$，$\{m-1,m\}$，再接着是三元子集 $\{1,2,3\}$，$\cdots$，最后是 M 集合本身．

任取 $S \in \wp$，令 $X_S = \bigcup_{i \in S} X_i$，规定

$$F_S = F_{|S|} \bigcap [X_S], \tag{2}$$

其中 $F_{|S|}$ 为 F 的下中心群列的第 $|S|$ 项，则易知 $F_{|S|}$ 是 F 的子群，并且由 X_S 中任意元素作成的权大于或等于 $|S|$ 的换位子都在 F_S 中（在这里 X 中的元素 $x_i, y_i, \cdots$ 都看作是权为 1 的换位子，一个权为 r 的换位子和一个权为 s 的换位子再作换位得到权为 $r+s$ 的换位子）. 下以权为 2 的换位子 $[x_2, y_1]$ 为例来说明上述事实，此时 $S = \{1, 2\}$. 因为

$$[x_2, y_1] \in [x_2, y_1] \leqslant [X_S],$$

且 $|S| = 2$，故

$$[x_2, y_1] \in F_{|S|} \bigcap [X_S],$$

同理可得对权大于 2 的换位子该结论也成立.

设

$$g = x_1 x_2 \cdots x_m y_1 y_2 \cdots y_m. \tag{3}$$

下面用 P. Hall 集积过程（collecting process）将式（3）化成

$$g = \prod_{S \in \wp} f_S, \tag{4}$$

这里 f_S 是 F_S 中的元素，并且乘积中各因子的顺序是依其下标按照 $\wp$ 的良序排列的.

首先，我们给由 X 中元素组成的每个换位子附加一个标记，即所有在其中出现的元素的下标所组成的集合，它是 M 的单元素子集. 而换位子 $[x_2, y_1]$，$[x_1, y_2]$ 和 $[y_1, x_2]$ 等都有下标 $\{1, 2\}$，依此类推. 集积的过程就是反复运用公式

$$\cdots ba \cdots = \cdots ab[b, a] \cdots, \tag{5}$$

这里 a 和 b 表示由 X 中元素构成的换位子，并且 a 的标记先于 b 的标记. 运用公式（5）可把 a 调到 b 前面，同时会产生一个新的换位子 $[b, a]$，整个乘积的值并不会发生改变. 由于新的换位子 $[b, a]$ 的标记一定会后于 a 的标记，且不会先于 b 的标记，因此式（5）右边新得到的三个换位子的下标的次序是依 $\wp$ 的有序排列.

经过反复使用（5）式，可以逐次把（3）式中具有最小标记 S 的元素调到最前面，并记其乘积为 f_S. 由于在这个过程中产生的新

换位子的标记是后于 S 的，因此经过有限步之后必可将（3）式化成（4）式. 更确切地说，由于在（3）式中具有最小下标的因子为 x_1 和 y_1，所以首先我们需要把 y_1 调到紧挨着 x_1 的位置，即把（3）式变为

$$g = x_1 y_1 x_2 [x_2, y_1] x_3 [x_3, y_1] \cdots x_m [x_m, y_1] y_2 \cdots y_m.$$

记 $f_{\{1\}} = x_1 y_1$，此时 $f_{\{1\}}$ 后面的各个因子 $x_2, \cdots, x_m, y_2, \cdots, y_m$ 和新产生的 $m-1$ 个权为 2 的换位子 $[x_2, y_1], [x_3, y_1], \cdots, [x_m, y_1]$ 的下标都后于 $\{1\}$，称它们的乘积为未整理部分. 在这部分因子中下标最小的为 $\{2\}$，又该标记的元素是 x_2 和 y_2，因此接下来需要把 y_2 调到紧挨 x_2 后面的位置，记 $f_{\{2\}} = x_2 y_2$. 然后再取最小下标 $\{3\}$，进行类似的过程. 由于 $\wp$ 中的元素是有限的，故这样的过程必会在有限步后终止，从而将（3）式化成了（4）式.

定义由 F 到 G 的子群 $H = \langle x, y \rangle$ 上的一个同态映射 ε，它对 F 的生成系 X 中的元素的作用为

$$x_i^\varepsilon = x, y_i^\varepsilon = y (i = 1, 2, \cdots, m).$$

下面证明，在（4）式的各因子中，若 $S_1, S_2 \in \wp$ 且 $|S_1| = |S_2| = s$，则 $f_{S_1}^\varepsilon = f_{S_2}^\varepsilon$. 因此我们可令其公共值为 c_s，因为集合 M 的势为 s 的子集个数为 $\begin{bmatrix} m \\ s \end{bmatrix}$，用 ε 作用到（4）式后，即可得到（1）式，从而定理得证. 下面将对 s 作归纳法来证明该结论：当 $s = 1$ 时，可令 $S_1 = \{i_1\}, S_2 = \{i_2\}$. 由集积过程可以看出

$$f_{S_1} = x_{i_1} y_{i_1}, f_{S_2} = x_{i_2} y_{i_2},$$

于是可得 $f_{S_1}^\varepsilon = f_{S_2}^\varepsilon = xy$，结论成立. 下设 $s > 1$. 由（3）和（4）式得

$$\prod_{i=1}^m x_i \prod_{i=1}^m y_i = \prod_{S \in \wp} f_S. \tag{6}$$

如果对任意的 $j \notin S_1$，令 $x_j = y_j = 1$，则易知当 $S \not\subset S_1$ 时，在（6）式中的因子 $f_S = 1$，于是（6）式变为

$$\prod_{i \in S_1} x_i \prod_{i \in S_1} y_i = \left(\prod_{\varnothing \neq T \subsetneqq S_1} f_T \right) f_{S_1}.$$

用 ε 去作用则得

$$x^s y^s = \Big(\prod_{\varnothing \neq T \subsetneqq S_1} f_T^\varepsilon \Big) f_{S_1}^\varepsilon. \tag{7}$$

对子集 S_2 用类似的方法可得

$$x^s y^s = \Big(\prod_{\varnothing \neq T \subsetneqq S_2} f_T^\varepsilon \Big) f_{S_2}^\varepsilon. \tag{8}$$

由归纳假设，f_T^ε 的值只依赖于 $|T|$. 由于对任意的正整数 $t < s$，在 S_1 和 S_2 中有相同多个势为 t 的子集，于是有

$$\prod_{\varnothing \neq T \subsetneqq S_1} f_T^\varepsilon = \prod_{\varnothing \neq T \subsetneqq S_2} f_T^\varepsilon,$$

由此，结合 (7) 与 (8) 两式即可得到 $f_{S_1}^\varepsilon = f_{S_2}^\varepsilon$.

$\square$

§3.3　Gupta-Newman 公式

本节中将给出 Gupta-Newman 公式及其证明，该公式在亚交换群的研究中是非常重要的.

定理 3.3.1（Gupta-Newman 公式）[1-2]　设 G 是亚交换群，$d \in G'$, $n \in \mathbf{Z}^+$. 如果对任意的 $a \in G$ 都有 $[d, na] = 1$ 成立，则对任意的 $a, b \in G$ 都有

$$[d, b, (n-1)a]^{n!} = 1$$

成立.

证明　首先对 n 作归纳法证明

$$[d, nab] = [d, na][d, (n-1)a, b]^n [d, na, b]^n \pi_n \tag{9}$$

成立，其中 π_n 为由若干个形如 $[d, ia, jb]$ $(i+j \geqslant n, j \geqslant 2)$ 的换位子构成的乘积.

当 $n = 1$ 时，由

$$[d, ab] = [d, a][d, b][d, a, b],$$

即可得 (9) 式成立，其中 $\pi_1 = 1$.

设 $n > 1$，由归纳假设可得

$$[d, (n-1)ab] = [d, (n-1)a][d, (n-2)a, b]^{n-1} \cdot$$
$$[d, (n-1)a, b]^{n-1} \pi_{n-1},$$

于是

$$[d,nab]=[[d,(n-1)a][d,(n-2)a,b]^{n-1}$$
$$[d,(n-1)a,b]^{n-1}\pi_{n-1},ab]$$
$$=[d,(n-1)a,ab][d,(n-2)a,b,ab]^{n-1}\cdot$$
$$[d,(n-1)a,b,ab]^{n-1}[\pi_{n-1},ab]$$
$$=[d,na][d,(n-1)a,b][d,na,b][d,(n-1)a,b]^{n-1}\cdot$$
$$[d,(n-2)a,2b]^{n-1}[d,(n-1)a,2b]^{n-1}[d,na,b]^{n-1}\cdot$$
$$[d,(n-1)a,2b]^{n-1}[d,na,2b]^{n-1}[\pi_{n-1},ab]$$
$$=[d,na][d,(n-1)a,b]^n[d,na,b]^n\pi_n,$$

其中 $\pi_n=[\pi_{n-1},ab][d,(n-2)a,2b]^{n-1}[d,(n-1)a,2b]^{2n-2}$
$[d,na,2b]^{n-1}$,满足要求,故(9)式成立.

对于 $i=0,1,\cdots,n-1$,令 $f_i=\dfrac{n!}{(n-i)!}$,规定 S_i 表示下述

命题:

存在函数 $F_i(a,b)$,它是一些形如 $[d,ja,kb](j+k\geqslant n,k\geqslant i+1)$ 的
换位子的乘积,使得下面式子成立:

$$[d,(n-i)a,ib]^{f_i}F_i(a,b)=1(\forall a,b\in G).$$

故可得,该定理等价于命题成立. 由定理条件立即可得 S_0 成立.
下面我们用对 i 的归纳法证明结论对所有的 S_i 都成立,于是就
可得定理成立. 设 $i>0$,且设 S_{i-1} 成立,即存在满足条件的 F_{i-1}
(a,b),使得

$$[d,(n-i+1)a,(i-1)b]^{f_{i-1}}F_{i-1}(a,b)=1(\forall a,b\in G). \quad (10)$$

在(10)式中用 ab 代替 a 得

$$[d,(n-i+1)ab,(i-1)b]^{f_{i-1}}F_{i-1}(ab,b)=1. \quad (11)$$

由(9)式,有

$$[d,(n-i+1)ab]=[d,(n-i+1)a][d,(n-i)a,b]^{n-i+1}\cdot$$
$$[d,(n-i+1)a,b]^{(n-i+1)}\pi,$$

其中 π 是一些形如 $[d,ja,kb](j+k\geqslant n-i+1,k\geqslant 2)$ 的换位子的
乘积. 代入(11)式可得

$$[d,(n-i+1)a,(i-1)b]^{f_{i-1}}[d,(n-i)a,ib]^{f_i}[d,(n-i+1)a,ib]^{f_i}\cdot$$

$$[d,(n-i+1)a,ib]^{f_i} \cdot [\pi,(i-1)b]F_{i-1}(ab,b)=1. \quad (12)$$

又由(10)式可得

$$[d,(n-i+1)a,ib]^{f_{i-1}}[F_{i-1}(a,b),b]^{n-i+1}=1, \quad (13)$$

将(10)及(13)式代入(12)式得

$$[d,(n-i)a,ib]^{f_i}[\pi,(i-1)b]F_{i-1}(ab,b) \cdot$$
$$F_{i-1}(a,b)^{-1}[F_{i-1}(a,b),b]^{n-i+1}=1.$$

令 $F_i(a,b)=[\pi,(i-1)b]F_{i-1}(ab,b)F_{i-1}(a,b)^{-1}[F_{i-1}(a,b),b]^{-(n-i+1)}$，故只须证明 $F_i(a,b)$ 可表示成形如 $[d,ja,kb]$ $(j+k\geqslant n,k\geqslant i+1)$ 的换位子的乘积即可. 为此, 只须要证明 $F_{i-1}(ab,b) \cdot F_{i-1}(a,b)^{-1}$ 有该性质即可, 而这一点则由 $F_{i-1}(a,b)$ 的性质及 (12)式显然可得.

□

参考文献

[1] 徐明曜，黄建华，李慧陵，李世荣. 有限群导引(下册) [M]. 北京：科学出版社，1999.

[2]（德）贝·胡佩特，有限群论(中译本第一分册)[M]. 福州：福建人民出版社，1992.

[3] N. D. Gupta and M. F. Newman(1966)，On metabelian groups，*J. Austral. math. Soc.*，6，362-368.

[4] B. Huppert(1967)，*Endliche Gruppen I*，Die Grundlenhren der Mathematischen Wissenschaften，134. Springer-Verlag，Berln，Heidelberg，Ner York.

第4章 p 交换 p 群及正则 p 群

§4.1 p 群的基本结论

在本节中主要给出了 p 群的一些初等的、常用的结论，在后面的章节中会经常用到.

定理 4.1.1 设 G 为有限 p 群，则下列结论成立：

(1) 若 $|G| = p^n > 1$，则 $Z(G) > 1$；

(2) 令 N 为 G 的 p 阶正规子群，则 $N \leqslant Z(G)$；

(3) 若 $\dfrac{G}{N}$ 循环，且 $N \leqslant Z(G)$，则 G 为交换群；

(4) 若 G 为非交换群，则 $p^2 \Big| \Big|\dfrac{G}{Z(G)}\Big|$；

(5) 若 $\dfrac{G}{G'}$ 循环，则 G 也为循环群；

(6) 若 G 为非交换群，则 $p^2 \Big| \Big|\dfrac{G}{G'}\Big|$.

证明 (1) 设 G 的共轭类分解为
$$G = \{1\} \cup C_2 \cup \cdots \cup C_s,$$
则可得其类方程为
$$|G| = 1 + |C_2| + \cdots + |C_s|.$$
由于对任意的 $x_i \in C_i$ 有 $|C_i| = |G : C_G(x_i)|$，故可得 $|C_i| \big| |G| = p^n$，因此至少存在某个 $C_j (j \geqslant 2)$ 有 $|C_j| = 1$，从而有 $1 \neq x_i \in C_i$ 使得 $G = C_G(x_i)$. 即存在 $1 \neq x_i \in Z(G)$，故有 $Z(G) > 1$.

(2) 设 N 为 G 的 p 阶正规子群，由 $\dfrac{N}{C}$ 定理得

$$\frac{G}{C_G(N)} = \frac{N_G(N)}{C_G(N)} \leqslant \mathrm{Aut}(N).$$

因为 $\mathrm{Aut}(N)$ 为 $p-1$ 阶循环群，而 $\left|\dfrac{G}{C_G(N)}\right|$ 为 $|G|=p^n$ 的因子，故只能有 $\left|\dfrac{G}{C_G(N)}\right|=1$，从而得 $G=C_G(N)$，进而有 $N\leqslant Z(G)$.

（3）设 $\dfrac{G}{N}=\langle aN\rangle$，则 $G=\langle a,N\rangle$. 由于 $N\leqslant Z(G)$，故可得 G 的生成元是交换的，故得 G 是交换群.

（4）若 p^2 不整除 $\left|\dfrac{G}{Z(G)}\right|$，则 $\dfrac{G}{Z(G)}$ 必为循环群，由（3）得 G 是交换群，矛盾. 故若 G 为非交换群，必有 $p^2\left|\left|\dfrac{G}{Z(G)}\right|\right.$.

（5）因为 $G'\leqslant\Phi(G)$，若 $\dfrac{G}{G'}$ 循环，则必有 $\dfrac{G}{\Phi(G)}$ 也循环，不妨设 $\dfrac{G}{\Phi(G)}=[a\Phi(G)]$，则有 $G=\langle a\rangle$ 为循环群.

（7）若 G 为非交换群，由（5）知 $\dfrac{G}{G'}$ 非循环，从而 $p^2\left|\left|\dfrac{G}{G'}\right|\right.$.

□

定理 4.1.2　p^2 阶群必为交换群.

证明　设 G 为 p^2 阶群，若 G 中有 p^2 元，则 G 循环，结论成立. 设 G 中没有 p^2 元.

由定理 4.1.1 中的（1）知，$Z(G)>1$. 任取 $1\neq a\in Z(G)$，由于 G 中无 p^2 元，故有 $O(a)=p$. 取 $b\in\dfrac{G}{\langle a\rangle}$，则有 $G=\langle a,b\rangle$. 由 $a\in Z(G)$ 可得 G 为交换群.

□

定理 4.1.3[1]　设 G 为有限 p 群，N 是 G 的非循环正规子群，则有：

（1）若 $p>2$，则存在 G 的 (p,p) 型交换正规子群 $A\leqslant N$；

（2）若 $p=2$，（1）中结论一般不成立，但如果 $N\leqslant\Phi(G)$，则（1）中结论成立.

证明 对 $|N|$ 作归纳法. 当 $|N|=p^2$ 时,因为 N 是 G 的非循环正规子群,故可得 N 本身是 (p,p) 型交换群,定理成立.

设 $|N|\geqslant p^3$,取 G 的 p 阶正规子群 $P<N$. 作商群 $\dfrac{G}{P}$,它具有正规子群 $\dfrac{N}{P}$.

(1)若 $\dfrac{N}{P}$ 循环,则由定理 4.1.1 中的(3)可知,N 为交换群. 又由 N 非循环可得,$\Omega_1(N)=\langle x\in N\,|\,x^p=1\rangle$ 必为 (p,p) 型交换群. 而 $\Omega_1(N)\,\mathrm{char}\,N\trianglelefteq G$,故有 $\Omega_1(N)\trianglelefteq G$,定理成立.

(2)若 $\dfrac{N}{P}$ 不循环,由归纳假设可得,$\dfrac{N}{P}$ 中有 $\dfrac{G}{P}$ 的 (p,p) 型交换正规子群 $\dfrac{M}{P}$. 此时 M 是 G 的 p^3 阶非循环正规子群. 如果 M 交换,则有 $|\Omega_1(M)|\geqslant p^2$ 且 $\Omega_1(M)\trianglelefteq G$. 此时在 $\Omega_1(M)$ 中取 p^2 阶正规子群即可. 若 M 不交换,下面分 $p=2$ 和 $p>2$ 两种情况讨论:

①当 $p=2$ 时,若有 $G=N=Q$,其中 Q 为四元数群,则显然定理不成立. 若假定 $N\leqslant\Phi(G)$,则有 $M\leqslant\Phi(G)$. 如果 M 中不包含 G 的 $(2,2)$ 型正规子群,则一定包含 4 阶循环子群 $\langle x\rangle\trianglelefteq G$. 由 $\dfrac{N}{C}$ 定理得,$\dfrac{G}{C_G(x)}$ 同构于 $\mathrm{Aut}(Z_4)\cong Z_2$ 的一个子群,故有 $\left|\dfrac{G}{C_G(x)}\right|\leqslant 2$,从而有 $C_G(x)\geqslant\Phi(G)\geqslant M$,进而可得 M 交换,矛盾.

②当 $p>2$ 时,此时由 p^3 阶群的分类得 M 可能为
$$\langle a,b\,|\,a^{p^2}=b^p=1,b^{-1}ab=a^{1+p}\rangle, \tag{1}$$
$$\langle a,b\,|\,a^p=b^p=c^p=1,[a,b]=1,[a,c]=[b,c]=1\rangle. \tag{2}$$
在群(1)中,$\Omega_1(M)=\langle a^p,b\rangle$ 是 G 的 (p,p) 型交换正规子群. 在群(2)中,包含在 M 中的 G 的 p^2 阶正规子群都满足定理要求.

$\square$

定理 4.1.4 设 G 为有限 p 群,且 G 中所有交换正规子群都

循环,则有:

(1)当 $p>2$ 时,G 为循环群;

(2)当 $p=2$ 时,G 中有循环极大子群.

证明 (1)若 G 不循环,在定理 4.1.3 中,取 $N=G$,则 G 中存在 (p,p) 型交换正规子群,与题设矛盾.

(2) 在定理 4.1.3 中,取 $N=\Phi(G)$,则 $\Phi(G)$ 循环. 取 G 的极大交换正规子群 $A\geqslant\Phi(G)$,由已知条件可得 A 循环,且 $\dfrac{G}{A}$ 为初等交换 2 群. 若 $\left|\dfrac{G}{A}\right|=2$,则可得 A 为 G 的循环极大子群,定理成立. 设 $\left|\dfrac{G}{A}\right|>2$,由 A 的极大性可得 $C_G(A)=A$ (若 $C_G(A)\neq A$,取 $x\in C_G(A)\backslash A$,设 $B=\langle x,A\rangle$,则 B 交换. 又由 $\dfrac{G}{A}$ 的交换性可得 $\dfrac{B}{A}\trianglelefteq\dfrac{G}{A}$,从而有 $B\trianglelefteq G$,与 A 的极大性矛盾). 由 $\dfrac{N}{C}$ 定理得,$\dfrac{G}{C_G(A)}=\dfrac{G}{A}\leqslant\mathrm{Aut}(G)$. 设 $A=\langle a\rangle$ 且 $|A|=2^n$,由于 $n\geqslant3$ 时 $\mathrm{Aut}(G)\cong Z_2\times Z_{2^{n-2}}$,因此可令 $n\geqslant3$,且 $\dfrac{G}{A}$ 为 $(2,2)$ 型循环群,从而有 $\dfrac{G}{A}\cong\Omega_1(\mathrm{Aut}(A))$,$G$ 中元可依共轭作用诱导 A 的三个 2 阶自同构中的任意一个. 特别地,存在 $b\in G\backslash A$ 使得

$$\alpha:a\rightarrow b^{-1}ab=a^{1+2^{n-1}}.$$

由 $b^2\in\langle a\rangle$ 可设 $b^2=a^r$. 当 r 为奇数时,有 $\langle a^r\rangle=\langle a\rangle=\langle b^2\rangle<\langle b\rangle$,因此 $\langle b\rangle$ 也是 G 的循环正规子群,与 A 的选取矛盾,因此 r 为偶数. 设 $r=2s$,由于 $n\geqslant3$,故存在 $i\in Z$ 使得

$$i(1+2^{n-2})+s\equiv0(\mathrm{mod}\ 2^{n-2}).$$

令 $b_1=ba^i$,则

$$b_1^2=b^2(b^{-1}a^ib)a^i=b^2a^{i(1+2^{n-1})+i}=a^ra^{2i(1+2^{n-2})}$$

$$=a^{2s+2i(1+2^{n-2})}=1.$$

从而得 $o(b_1)=2$,G 的极大子群

$$M=\langle a,b_1\,|\,a^{2^n}=1,b_1^2=1,b_1^{-1}ab_1=a^{1+2^{n-1}}\rangle.$$

又易计算得 M 中阶小于等于 2 的元组成的子群为 $\Omega_1(M)=\langle b_1,a^{2^{n-1}}\rangle$. 由于 $\Omega_1(M)\mathrm{char}M\lhd G$, 故有 $\Omega_1(M)\lhd G$, 与 G 中无非循环交换正规子群矛盾.

$\square$

引理 4.1.1[2] 以下两个命题是等价的:

(1) 对任意 $x,y\in G$, $[x,y,y]=e$ 成立;

(2) G 中任何两个共轭元素互相可换.

证明 由换位子公式可得

$$[x,y,y]=[[x,y],y]=[y^{-x}y,y]=[y^{-x},y]^y,$$

因此 $[x,y,y]=e$ 就等价于 $[y^{-x},y]=e$, 因此可得 y^x 与 y 是可换的.

定理 4.1.5[2] 若对任意的 $x,y\in G$ 都有 $[x,y,y]=e$, 则 G 为幂零群, 且有 $c(G)\leqslant 3$. 如果 G 中不存在 3 阶元, 则有 $c(G)\leqslant 2$.

定理 4.1.6[2] 设 $\exp(G)=3$, 则有:

(1) 对任意的 $x,y\in G$ 都有 $[x,y,y]=e$ 成立;

(2) 若 G 是 d 元生成的, 则 G 必为有限群且 G 的阶是 3^k 的因子, 其中 $k=d+\begin{bmatrix}d\\2\end{bmatrix}+\begin{bmatrix}d\\3\end{bmatrix}$.

证明 (1) 因为 $\exp(G)=3$, 所以对任意的 $x,y\in G$ 有

$$e=(xy)^3=xyxyxy,$$

故可得

$$xyx=y^{-1}x^{-1}y^{-1}.$$

又因为 $x^3=1$, 所以 $x=x^{-2}$. 于是有

$$x^{-1}yxyx^{-1}=x^{-1}yx^{-1}x^{-1}yx^{-1}=y^{-1}xy^{-1}y^{-1}xy^{-1}$$
$$=y^{-1}xyxy^{-1}=y^{-1}y^{-1}x^{-1}y^{-1}y^{-1}$$
$$=yx^{-1}y,$$

即得

$$yxyx^{-1}=xyx^{-1}y.$$

因此 y 与 xyx^{-1} 可交换，满足引理 4.1.1 与定理 4.1.5 的条件，从而可得 $[x,y,y]=e$，$K_4(G)=1$.

(2) 设 $G=\langle x_1,\cdots,x_d\rangle$，则 $\dfrac{G}{G'}$ 是一个方次数为 3 的交换群，且由 d 个元素生成，因此 $\left|\dfrac{G}{G'}\right|\leqslant 3^d$. 由定理 1.4.8(3) 可得，商群 $\dfrac{G'}{K_3(G)}=\langle[x_i,x_j]K_3(G)\rangle$. 因为 $3[x_i,x_j]=[x_j,x_i]^{-1}$，所以上面 $[x_i,x_j]K_3(G)$ 中每对 (i,j) 只须 $i<j$ 即可. 而交换群 $\dfrac{G'}{K_3(G)}$ 是由 $\dbinom{d}{2}$ 个元素生成的，从而有

$$\left|\frac{G'}{K_3(G)}\right|\leqslant 3^{\binom{d}{2}}.$$

又由定理 1.4.5 中的 (3) 得，$\dfrac{K_3(G)}{K_4(G)}=K_3(G)=\langle[x_i,x_j,x_k]\rangle$. 由定理 4.1.5，可交换，所以限制 $i<j<k$，$\dbinom{d}{3}$ 个生成元 $[x_i,x_j,x_k]$ 就够了. 从而得到

$$|K_3(G)|\leqslant 3^{\binom{d}{3}}$$

最后得到方次数为 3 的群的阶是 3 的方幂.

§4.2　亚循环 p 群

本节中将给出当 p 为奇素数时，亚循环 p 群的一个完全分类和亚循环 p 群的一些充要条件. 亚循环 p 群的分类问题是由 M. F. Newman 和徐明曜教授于 1987 年在文献 [10,11] 中提出的.

定义 4.2.1　如果群 G 有循环正规子群 N，使得商群 $\dfrac{G}{N}$ 也是循环群，则称 G 为亚循环群. 即亚循环群为循环群被循环群的扩

张.

下面的 Hölder 定理决定了有限亚循环群的构造.

定理 4.2.1 设 $n,m \geqslant 2$ 为正整数, G 是 n 阶循环群 N 被 m 阶循环群 F 的扩张, 则 G 有如下定义关系:

$$G = [a, b], a^n = 1, b^m = a^t, b^{-1}ab = a^r, \tag{3}$$

其中参数 n, m, t, r 满足关系式:

$$r^m \equiv 1 (\bmod\ n), t(r-1) \equiv 0 (\bmod\ n). \tag{4}$$

反之, 对每组满足(4)式的参数 n, m, t, r, (3)式都确定一个 n 阶循环群被 m 阶循环群的扩张.

又设 b 在 $[a]$ 上诱导的自同构为 β, 则显然条件(4)等价于

$$\beta^m = 1, [a, b]^t = 1. \tag{5}$$

证明 设 G 为这样的一个扩张, $N = \langle a \rangle, a^n = 1$. 由 $\dfrac{G}{N}$ 是 m 阶群得 $b^m = a^t$, 其中 $\dfrac{G}{N} = \langle bN \rangle$. 又由 $N \trianglelefteq G$, 故可设 $b^{-1}ab = a^r$, 从而 G 中(3)式成立. 由 b^m 与 a 可交换得 $a = b^{-m}ab^m = a^{r^m}$, 从而 $r^m \equiv 1 (\bmod\ n)$. 又由 b 与 a^t 交换得 $a^t = b^{-1}a^t b = a^{tr}$, 故有 $t(r-1) \equiv 0 (\bmod\ n)$. 故(4)式成立.

反之, (3)和(4)式确定给出了一个 nm 阶的亚循环群. 此时可设

$$G = \{b^j a^i \mid 0 \leqslant j \leqslant m-1, 0 \leqslant i \leqslant n-1\},$$

且规定

$$b^j a^i \cdot b^k a^s = b^{j+k} a^{ir^k+s}.$$

易验证 G 对于上述乘法构成一个群, 且 $N = \{a^i \mid 0 \leqslant i \leqslant n-1\}$ 是 G 的正规子群, $\dfrac{G}{N} \cong Z_m$.

□

当 p 为奇素数时, 下面我们利用上述理论来给出一个亚循环 p 群的例子.

例 4.2.1 设 p 为奇素数, r, s, t, u 为非负整数, 且满足 $r \geqslant 1$, $u \leqslant r$, 则

$$\langle a,b \mid a^{p^{r+s+u}}=1, b^{p^{r+s+t}}=a^{p^{r+s}}, b^{-1}ab=a^{1+p^r}\rangle \tag{6}$$

是亚循环群，且对于参数 r,s,t,u 的不同取值，对应的亚循环群互不同构. 我们用 $\langle r,s,t,u;p\rangle$ 来记这个群. 又 $\langle r,s,t,u;p\rangle$ 是可裂的，即可表示成循环群被循环群的可裂扩张的充要条件为 $stu=0$.

证明　验证定理 4.2.1 中的条件 (4) 可知，(6) 式给出一个 p^{r+s+u} 阶循环群被 p^{r+s+t} 阶循环群的扩张. 设该群为 G，则可验证以下结论成立：

(1) $|G|=p^{2r+2s+t+u}$；

(2) $\exp G=p^{r+s+t+u}=o(b)$；

(3) $G'=\langle a^{p^r}\rangle$，$|G'|=p^{s+u}$，且

$$\overline{G}=\frac{G}{G'}=\langle \overline{a},\overline{b} \mid \overline{a}^{p^r}=1, \overline{b}^{p^{r+s+t}}=1, \overline{a}^{\overline{b}}=\overline{a}\rangle;$$

(4) $Z(G)=\langle a^{p^{s+u}}\rangle\langle b^{p^{s+u}}\rangle$.

由 (3) 知 $r,s+u$ 和 $r+s+t$ 是 G 的不变量；由 (2) 知 $r+s+t+u$ 也是不变量，因此得 r,s,t 和 u 都为 G 的不变量. 进而可知参数 r,s,t,u 的不同取值对的亚循环群也是互不同构的.

下证 G 可裂的充要条件为 $stu\neq 0$. 首先，若 $s=0$，则有 $\langle b\rangle \geqslant \langle a^{p^r}\rangle$，因此 $\langle b\rangle \trianglelefteq G=\langle b,ab^{-p^t}\rangle$. 由于 $(ab^{-p^t})^{p^r}=a^{p^r}b^{-p^{r+t}}=1$，有 $\langle b\rangle \bigcap \langle ab^{-p^t}\rangle =1$，因此 G 是可裂的. 若 $t=0$，则有 $(ba^{-1})^{p^{r+s}}=1$，$G=\langle a,ba^{-1}\rangle$，于是 $\langle a\rangle \bigcap \langle ba^{-1}\rangle =1$. 可得 G 也是可裂的. 如果 $u=0$，显然 G 可裂.

反之，假设 $stu\neq 0$，下面证明 G 是不可裂的. 若 G 可裂，且 $G=\langle x\rangle\langle y\rangle$，$\langle x\rangle \bigcap \langle y\rangle =1$，$\langle x\rangle \trianglelefteq G$. 由 $\exp G=\max(o(x),o(y))$，有 $(o(x),o(y))=(p^{r+s+t+u},p^{r+s})$ 或 $(p^{r+s},p^{r+s+t+u})$. 又因为 $|G'|=p^{s+u}$，$G'\leqslant \langle x\rangle$，$\dfrac{G}{G'}$ 应有不变量 (p^{r+t},p^{r+s}) 或 $(p^{r-u},p^{r+s+t+u})$；另一方面，$\dfrac{G}{G'}$ 有不变量 (p^r,p^{r+s+t})，这与 $stu\neq 0$ 矛盾.

定理 4.2.2 设 p 为奇素数，G 是亚循环 p 群，则 G 同构于例 4.2.3 中的一个群.

证明 由定理 4.2.2 知 G 有下列表现：

$$G=\langle x,y\,|\,x^{p^n}=1,y^{p^m}=x^{p^k},x^y=x^{1+ip^l}\rangle, \tag{7}$$

其中 n,m,k,l,i 为正整数，p 不整除 i，$k\leq n,l\leq n,k+l\geq n$ 且 $(1+ip^l)^{p^m}\equiv1(\bmod\ p^n)$. 由初等数论的知识可得 $l+m\geq n$，并且存在整数 j 使得 $(1+ip^l)^j\equiv1+p^l(\bmod\ p^n)$. 由 $x'=x^j$ 和 $y'=y^j$ 代替 x 和 y 得

$$G=\langle x',y'\,|\,x'^{p^n}=1,y'^{p^m}=x'^{p^k},x'^{y'}=x'^{1-ip^l}\rangle, \tag{8}$$

其中 n,m,k,l 是正整数并且满足 $n\geq k,n\geq l,n-l\leq m$ 和 $n-l\leq k$. 又由 $G'=\langle x'^{p^l}\rangle$ 得 G 是 p^{n-l} 交换的.

若 $m\geq k\geq l$，(8) 式就是我们需要的表现. 若否，则下面分两种情形讨论.

情形 1： $m<k$.

设 $l\leq m$. 令 $a=x',b=x'^{1-p^{k-m}}y'$，由于 $n-l\leq m$，故有

$$a^{p^n}=1,$$

$$b^{p^m}=(x'^{1-p^{k-m}}y')^{p^m}=x'^{p^m-p^k}y'^{p^m}=x'^{p^m}=a^{p^m},$$

$$a^b=x'^{x'^{1-p^{k-m}y'}}=x'^{y'}=x'^{1+p^l}=a^{1+p^l}.$$

此时 G 有表现

$$G=\langle a,b\,|\,a^{p^n}=1,b^{p^m}=a^{p^m},a^b=a^{1+p^l}\rangle.$$

再设 $l>m$. 令 $x''=y'x'^{p^{l-m}-p^{k-m}},y''=x'$，则有

$$x''^{p^m}=(y'x'^{p^{l-m}-p^{k-m}})^{p^m}=y'^{p^m}x'^{p^l-p^k}=x'^{p^l}.$$

于是可得 $\langle x''\rangle\geq\langle x'^{p^l}\rangle=G'$，因而 $\langle x''\rangle\trianglelefteq G$. 又因为 $o(x'^{p^l})=p^{n-l}$，$o(x'')=p^{n+m-l}$，又有

$$y''^{p^l}=x'^{p^l}=x''^{p^m},$$

$$x''^{y''}=(y'x'^{p^{l-m}-p^{k-m}}y')^{x'}=y'^{x'}x'^{p^{l-m}-p^{k-m}}$$

$$=y'(y'^{-1}x'y')^{-1}x'^{1+p^{l-m}-p^{k-m}}=y'x'^{-1-p^l+1+p^{l-m}-p^{k-m}}$$

$$=(y'x'^{p^{l-m}-p^{k-m}})x'^{-p^l}=x''^{1-p^m}.$$

和前面类似，存在整数 i 使得 $(1-p^m)^i\equiv1+p^m(\bmod\ p^n)$. 令 $a=x''^i$ 和 $b=y''^i$，则可得到所需的表现

$$G=\langle a,b \mid a^{p^{n+m-l}}=1, b^{p^l}=a^{p^m}, a^b=a^{1+p^m}\rangle.$$

情形 2：$m\geqslant k$ 和 $l>k$.

此时 $\langle y'\rangle \geqslant G'$，从而 $\langle y'\rangle \trianglelefteq G$.

令 $x''=y', y''=y'^{-p^{m-k}}x'$，则有

$$x''^{p^{n+m-k}}=1,$$

$$y''^{p^k}=(y'^{-p^{m-k}}x')^{p^k}=y'^{-p^m}x'^{p^k}=1=x''^{p^{n+m-k}},$$

$$x''^{y''}=y'^{x'}=y'(y'^{-1}x'y')^{-1}x'=y'x'^{-p^l}=y'(x'^{p^k})^{-p^{l-k}}$$
$$=y'^{1-p^{m+l-k}}=x''^{1-p^{m+l-k}}.$$

因为 $k<n+m-k$，故可归结到情形 1.

若 G 由 (6) 式给出，则有 $\langle a^{p^{r+s}}, b\rangle=1$，进而有 $1=\langle a,b\rangle^{p^{r+s}}=a^{p^{2r+s}}$，因此 $2r+s\geqslant r+s+u, u\leqslant r$.

□

定理 4.2.3（Blackburn）　有限 p 群 G 是亚循环群当且仅当 $\dfrac{G}{\Phi(G')}G_3$ 是亚循环的.

证明　必要性显然，故下面只须证明充分性即可. 设 $\Phi(G')G_3\neq 1$. 取 G 的 p 阶正规子群 $K\leqslant \Phi(G')G_3$，由归纳法可假定 $\dfrac{G}{K}$ 是亚循环群，即存在 $L\trianglelefteq G, L\geqslant K$ 使 $\dfrac{G}{L}$ 和 $\dfrac{L}{K}$ 均为循环群. 若 L 循环，则 G 已为亚循环群，故可设 L 非循环. 由 $K\leqslant Z(G)$ 可得 L 为交换群. 设 $L=M\times K$，令 $|M|=p^s$，必有 $s\geqslant 2$. 又由 $1<\Phi(G')G_3<G'<L$ 可得 $|L|\geqslant p^3$. 由 $\mho_1(M)=\mho_1(L)$ 及 $L\trianglelefteq G$ 得 $\mho_1(M)\trianglelefteq G$. 令 $N=\mho_1(M)K$，则有 $N\trianglelefteq G$ 且 $|L:N|=p$. 因为 $\dfrac{L}{N}\leqslant Z\left(\dfrac{G}{N}\right)$ 及 $\dfrac{G}{L}$ 循环，故可得 $\dfrac{G}{N}$ 交换，从而有 $G'\leqslant N$. 又由

$$\left|\frac{G'}{G'\cap \mho_1(M)}\right|=\left|\frac{G'\mho_1(M)}{\mho_1(M)}\right|\leqslant\left|\frac{N}{\mho_1(M)}\right|=p,$$

得 $G'=G'\cap \mho_1(M)$ 或 $|G':G'\cap \mho_1(M)|=p$. 若 $G'=G'\cap \mho_1(M)$，则 必 有 $K\leqslant G'\leqslant \mho_1(M)<M$，矛盾. 故 有

$|G':G'\cap\mho_1(M)|=p$. 因 $G'\cap\mho_1(M)\unlhd G$, 考 虑 $\bar{G}=\dfrac{G}{G'\cap\mho_1(M)}$, 有 $|\bar{G}'|=p$. 于是 $\Phi(\bar{G})=\bar{1},\bar{G}_3=1$, 故 $\Phi(G')G_3\leqslant G'\cap\mho_1(M)$. 但 $K\leqslant\Phi(G')G_3$, 故 $K\leqslant G'\cap\mho_1(M)<M$, 矛盾.

$\square$

定理 4.2.4 设 $p>2$, 则有限 p 群 G 亚循环的充要条件为 $w(G)\leqslant 2$.

证明 设 G 为亚循环 p 群, 则有 $G'\leqslant\mho_1(G)$, 故

$$p^{w(G)}=|G'/\mho_1(G)|=|G'/\Phi(G)|\leqslant p^2,$$

于是 $w(G)\leqslant 2$.

反之, 由定理 4.2.3 可设 $\Phi(G')G_3=1$. 由 $w(G)\leqslant 2$ 得

$$|G/\Phi(G)|\leqslant|G/\mho_1(G)|\leqslant p^2,$$

从而有 $d(G)\leqslant 2$. 假设 G 非循环, 则可设 $d(G)=2$, 此时 $\Phi(G)=\mho_1(G)$, 于是 $G'=\mho_1(G)$. 令 $G=\langle a,b\rangle$, 有 $G'=\langle[a,b]\rangle$ 且 $|G'|\leqslant p$. 设 $[a,b]=x^{p^a},a\geqslant 1$, 但 x 不是任一元的 p 次幂, 即 $x\notin\mho_1(G)=\Phi(G)$. 由 Burnside 基定理, 存在 $y\in G$ 使 $G=\langle x,y\rangle$. 由 $G'\leqslant\langle x\rangle\unlhd G$, 而 $\dfrac{G}{\langle x\rangle}$ 循环, 故可得 G 为亚循环群.

$\square$

§4.3 p 换位子及其性质

为了研究群的 p 交换性, 在本节中我们给出 p 换位子的定义, 以及由此引出的 p 导群、p 中心等一系列概念. 这些概念最先是由 Hobby 和徐明曜教授于文献[7,8]提出的.

定义 4.3.1 设 G 为 p 群, 对任意的 $a,b\in G$, 如果 $(ab)^p=a^pb^p$ 且 $(ba)^p=b^pa^p$ 成立, 则称 a,b 是 p 交换的.

群的 p 交换性与群的交换性比较相近, 但也略有不同. 如果群中的两个元素是交换的, 则必然是 p 交换的, 但反之不成立. 对任意的 $a,b\in G$, 如果 a 与 b 交换, 则必有 b 与 a 交换. 但对 p

交换性是不一定成立的. 若 $(ab)^p = a^p b^p$ 成立，不一定有 $(ba)^p = b^p a^p$ 成立. 如在群

$$G = \langle a,b \mid a^{3^2} = b^{3^2} = c^{3^2} = 1, [a,b] = c, [b,c] = c^{-3}, [a,c] = 1 \rangle$$

中易计算得 $(ab)^3 = a^3 b^3$，但 $(ba)^3 = b^3 a^3 c^{-3}$.

定义 4.3.2　设 G 为有限 p 群，对任意的 $a,b \in G$，定义 a,b 的 p 换位子为 $b^{-p} a^{-p} (ab)^p$，记作 $[a,b]_p$，即

$$[a,b]_p = b^{-p} a^{-p} (ab)^p.$$

命题 4.3.1　设 G 为 p 群，对任意的 $a,b \in G$ 都有 $[a,b]_p \in G'$.

证明　设 $\bar{G} = G/G'$，则 $\bar{G}$ 交换，从而 $\bar{G}$ 是 p 交换的. 因此对任意的 $\bar{a}, \bar{b} \in \bar{G}$，都有 $[\bar{a}, \bar{b}]_p = \bar{1}$，即得 $[a,b]_p \in G'$.

$\square$

定义 4.3.3　设 G 为有限 p 群，A,B 为 G 的两个正规子群，定义 A,B 的 p 换位子群为 $\langle [a,b]_p, [b,a]_p \mid a \in A, b \in B \rangle$，记作 $[A,B]_p$，即

$$[A,B]_p = \langle [a,b]_p, [b,a]_p \mid a \in A, b \in B \rangle.$$

对于多个子群，也可以归纳地定义 p 换位子群. 若 $A_1, A_2, \cdots, A_n$ 都是 G 的正规子群，$n > 2$，规定：

$$[A_1, A_2, \cdots, A_n]_p = [[A_1, A_2, \cdots, A_n]_p, A_n]_p.$$

定义 4.3.4　设 G 为有限 p 群，则称 $\delta(G) = [G,G]_p$ 为 G 的 p 导群.

定义 4.3.5　设 G 为有限 p 群，令 $\zeta(G) = \{g \in G \mid [g,x]_p = [x,g]_p = 1,$ 对任意的 $x \in G\}$，称 $\zeta(G)$ 为 G 的 p 中心.

容易验证 $\zeta(G)$，$\delta(G)$ 都是 G 的特征子群.

命题 4.3.2　设 G 为有限 p 群，$A,B \trianglelefteq G$，则有：

(1) $[A,B]_p = [B,A]_p$；

(2) $[A,B]_p \leqslant [B,A]$；

(3) $[A,G]_p < A$.

证明　(1) 由定义直接可得.

(2) 设 $\bar{G} = G/[A,B]$. 对任意的 $\bar{a} \in \bar{A}, \bar{b} \in \bar{B}$，$[\bar{a}, \bar{b}] =$

$[a,b][A,B]=\bar{1}$，从而 $[\bar{a},\bar{b}]_p=\bar{1}$．由 $\bar{a},\bar{b}$ 的任意性即可得 $[\bar{A},\bar{B}]=\bar{1}$，故 $[A,B]_p\leqslant[B,A]$．

（3）由（2）知 $[A,G]_p\leqslant[A,G]$．又 G 是 p 群，从而 G 幂零，而对幂零群都有 $[A,G]<A$，因此 $[A,G]_p<A$．

□

定义 4.3.6 称群列
$$G=\delta_0(G)>\delta_1(G)>\cdots>\delta_\rho(G)=1$$
为群 G 的 p-导群列，其中 $\delta_1(G)=\delta(G)$，对 $i>1$ 有 $\delta_{i+1}(G)=[\delta_i(G),\delta_i(G)]_p$．其中 $\rho=\rho(G)$ 被称为 G 的 p-导群列的长度．

注：对于任意的 $0\leqslant i\leqslant\rho$，由命题 4.3.2 可得
$$\delta_{i+1}(G)=[\delta_i(G),\delta_i(G)]_p\leqslant[\delta_i(G),\delta_i(G)]<\delta_i(G),$$
故 $\delta_{i+1}(G)<\delta_i(G)$．

命题 4.3.3 设 G 为有限 p 群，则：

（1）$\delta(G)$ char G；

（2）G 为 p 交换群当且仅当 $\delta(G)=1$；

（3）若 $N\trianglelefteq G$，则 G/N 是 p 交换群当且仅当 $\delta(G)\leqslant N$．

证明 （1）对任意的 $a,b\in G$ 和 $\alpha\in \mathrm{Aut}(G)$，都有 $[a,b]_p^\alpha=[a^\alpha,b^\alpha]_p\in\delta(G)$，故 $\delta(G)$ char G．

（2）若 G 为 p 交换的，则对任意的 $a,b\in G$，都有 $[a,b]_p=1$，从而 $\delta(G)=1$．反之，若 $\delta(G)=1$，则对任意的 $a,b\in G$，都有 $[a,b]_p=1$，即 G 为 p 交换群．

（3）若 G/N 是 p 交换群，则 $[G/N,G/N]_p=\bar{1}$，从而 $[G,G]_p\leqslant N$，即 $\delta(G)\leqslant N$．反之，若 $\delta(G)\leqslant N$，设 $\bar{G}=G/N$，则
$$[G,G]_p\leqslant[G/N,G/N]_p=[G,G]_pN/N=\delta(G)N/N=\bar{1},$$
因此 G/N 是 p 交换群．

□

命题 4.3.4 设 G 为 p 群，$\rho(G)$ 为 G 的 p 导列长，$r(G)$ 为 G 的导列长，则有 $\rho(G)\leqslant r(G)$．

证明 由命题 4.3.2 中的（2）可得 $\delta_i(G)\leqslant G^{(i)}$ 成立，下面

证对 $i+1$ 时结论也成立.

$$\delta_{i+1}(G)=[\delta_i(G),\delta_i(G)]_p\leqslant[\delta_i(G),\delta_i(G)]\leqslant[G^{(i)},G^{(i)}]=G^{(i+1)},$$

故结论对 $i+1$ 时也成立,从而有 $\rho(G)\leqslant r(G)$.

$\square$

定义 4.3.7 称群列

$$G=\eta_1(G)>\eta_2(G)>\cdots>\eta_{\gamma+1}(G)=1$$

为群 G 的 p 下中心群列,其中 $\eta_2(G)=\delta(G)$. 当 $i\geqslant 2$ 时,$\eta_{i+1}(G)=[\eta_i(G),G]_p$.

定义 4.3.8 称群列

$$1=\zeta_0(G)<\zeta_1(G)<\cdots<\zeta_\beta(G)=G$$

为群 G 的 p 上中心群列,其中 $\zeta_1(G)=\zeta(G)$,对 $i>1$ 有 $\zeta_i(G)/\zeta_{i-1}(G)=\zeta(G/\zeta_{i-1}(G))$.

命题 4.3.5 设 G 为有限 p 群,i 为正整数,则:

(1) $\eta_{i+1}(G)\leqslant\eta_i(G)$;

(2) $\eta_i(G)\leqslant G_i$.

证明 (1)对任意的 $i\in\mathbf{Z}^+$,由命题 4.3.2 中的(3)有 $\eta_{i+1}(G)=[\eta_i(G),G]_p<\eta_i(G)$,故结论成立.

(2)当 $i=1$ 时,$\eta_1(G)=G=G_1$,结论成立. 设 $i>1$,且结论对 $i-1$ 时成立,即 $\eta_{i-1}(G)\leqslant G_{i-1}$,下面证结论对 i 时也成立. 由命题 4.3.2 中的(2)和归纳假设可得

$$\eta_i(G)=[\eta_{i-1}(G),G]_p\leqslant[\eta_{i-1}(G),G]\leqslant[G_{i-1},G]=G_i,$$

故结论成立.

$\square$

命题 4.3.6 设 G 为有限 p 群,则:

(1) $\zeta(G)>1$;

(2) $\zeta_i(G)>\zeta_{i-1}(G)$;

(3)设 $1=Z_0(G)<Z_1(G)<\cdots<Z_c(G)=G$ 为 G 的上中心群列,则有 $Z_i(G)\leqslant\zeta_i(G)$,$0\leqslant i\leqslant c$.

证明 (1)对任意的 $z\in Z(G)$,都有 $z\in\zeta(G)$,故 $Z(G)\leqslant\zeta(G)$. 又 G 为 p 群,从而 $Z(G)>1$,故 $\zeta(G)>1$.

(2)设 $\bar{G}=\dfrac{G}{\zeta_{i-1}(G)}$，则 $\zeta(\bar{G})\geqslant Z(\bar{G})>1$．从而 $\dfrac{\zeta_i(G)}{\zeta_{i-1}(G)}=\zeta(\bar{G})>\bar{1}$，故 $\zeta_i(G)>\zeta_{i-1}(G)$．

(3)当 $i=0$ 时，$Z_0(G)=1=\zeta_0(G)$．当 $i=1$ 时，$Z_1(G)=Z(G)\leqslant\zeta(G)=\zeta_{i-1}(G)$．假设 $i>1$ 时 $Z_i(G)\leqslant\zeta_i(G)$ 也成立，下面证 $Z_{i+1}(G)\leqslant\zeta_{i+1}(G)$ 成立．

由 $\dfrac{Z_{i+1}(G)}{Z_i(G)}=Z\left(\dfrac{G}{Z_i(G)}\right)$ 可得，对任意的 $z\in Z_{i+1}(G)$ 和任意的 $g\in G$，都有 $[z,g]Z_i(G)=[zZ_i(G),gZ_i(G)]=\bar{1}$，从而 $[z,g]\in Z_i(G)\leqslant\zeta_i(G)$，进而有

$$[z\zeta_i(G),g\zeta_i(G)]=[z,g]\zeta_i(G)=\bar{1},$$

$$z\zeta_i(G)\in Z\left(\dfrac{G}{\zeta_i(G)}\right)\leqslant\zeta\left(\dfrac{G}{\zeta_i(G)}\right)=\dfrac{\zeta_{i+1}(G)}{\zeta_i(G)},$$

故 $z\in\zeta_{i+1}(G)$，即得 $Z_i(G)\leqslant\zeta_i(G)$．

$\square$

定义 4.3.9 设 G 为有限 p 群，称正规群列 $G=H_1>H_2>\cdots>H_{s+1}=1$ 为 G 的 p 中心群列，如果 $[H_i,G]_p\leqslant H_{i+1}$，其中 $i=1,2,\cdots,s$．

命题 4.3.7 设 G 为有限 p 群，称正规群列 $G=H_1>H_2>\cdots>H_{s+1}=1$ 为 G 的 p 中心群列，则：

(1)$H_i\geqslant\eta_i(G)(1\leqslant i\leqslant s+1)$；

(2)$H_{s+1-j}\leqslant\zeta_j(G)(0\leqslant j\leqslant s+1)$．

证明 (1)对 i 作归纳法．$i=1$ 时，$H_1=G=\eta_1(G)$，结论成立．设 $i>1$，且设 $H_{i-1}\geqslant\eta_{i-1}(G)$，下面证 $H_i\geqslant\eta_i(G)$．$\eta_i(G)=[\eta_{i-1}(G),G]_p\leqslant[H_{i-1},G]_p\leqslant H_i$，故结论得证．

(2) 对 j 作归纳法．$j=0$ 时，$H_{s+1}=1=\zeta_0(G)$；$j=1$ 时，由 $[H_s,G]_p=1$ 可得，$H_s\leqslant\zeta(G)$．假设 $j>1$ 且设 $H_{s+1-(j-1)}\leqslant\zeta_{j-1}(G)$ 成立，下面证 $H_{s+1-j}\leqslant\zeta_j(G)$ 也成立．

由 $\dfrac{H_{s+1-j}}{H_{s+1-(j-1)}}\leqslant\zeta\left(\dfrac{G}{H_{s+1-(j-1)}}\right)$ 可得，对任意 $x\in H_{s+1-j}$ 和任

意的 $g \in G$，都有 $[x,g]_p H_{s+1-(j-1)} = \bar{1}$，即 $[x,g]_p \in H_{s+1-(j-1)} \leqslant$ $\zeta_{j-1}(G)$，从而

$$\left[x\zeta_{j-1}(G), g\zeta_{j-1}(G)\right]_p = \bar{1}, x\zeta_{j-1}(G) \in \zeta\left(\frac{G}{\zeta_{j-1}(G)}\right) = \frac{\zeta_j(G)}{\zeta_{j-1}(G)},$$

即得 $x \in \zeta_j(G)$，故有 $H_{s+1-j} \leqslant \zeta_j(G)$ 成立.

□

注：(1) 由命题 4.3.13 中的 (2) 即可得群 G 的 p 下中心群列的长度不超过它的下中心群列的长度；由命题 4.3.6 中的 (3) 即可得群 G 的 p 上中心群列的长度不超过它的上中心群列的长度.

(2) p 上、下中心群列都是 p 中心群列，且由命题 4.3.7 知，p 上、下中心群列都是最短的 p 中心群列，故它们的长度必然相等，记 $\gamma = \gamma(G)$，称作 G 的 p 类. 由 (1) 即可得 G 的 p 类 $\gamma(G) \leqslant c(G)$.

定理 4.3.1　设 G 为有限 p 群，则有
$$\zeta(G) \leqslant C_G(\mho_1(G)).$$

证明　取 $a \in \zeta(G)$，对任意的 $x \in G$，有
$$a^{-1}x^p a = (a^{-1}xa)^p = a^{-p}x^p a^p$$

成立，进而有 $x^p = a^{-(p-1)}x^p a^{p-1}$，$a^{p-1} \in C_G(x^p)$. 由于 p 为素数，故可得 $a \in C_G(x^p)$. 由 x 的任意性可得 $a \in C_G(\mho_1(G))$，从而有 $\zeta(G) \leqslant C_G(\mho_1(G))$.

□

§4.4　p 交换 p 群

p 交换 p 群是有限 p 群中接近交换群的一类群，它在有限 p 群的研究中是非常重要的.

定义 4.4.1　设 G 为有限 p 群，s 为正整数. 如果对任意的 $a, b \in G$ 都有
$$(ab)^{p^s} = a^{p^s}b^{p^s},$$

则称 G 为 p^s 交换的. 特别地，当 $s=1$ 时，p^s 交换群就是 p 交换 p 群.

显然，p^s 交换群的任意子群和商群也是 p^s 交换的，任意两个 p^s 交换群的直积也是 p^s 交换群.

引理 4.4.1 设 G 为 p^s 交换 p 群，则 $\mho_s(G) \leqslant Z(G)$.

证明 对任意的 $a \in G$，下证 $a^{p^s} \in Z(G)$. 任取 $b \in G$，由 G 的 p^s 交换性可得

$$b^{-1}a^{p^s}b = (b^{-1}ab)^{p^s} = b^{-p^s}a^{p^s}b^{p^s},$$

从而有

$$b^{-(p^s-1)}a^{p^s}b^{p^s-1} = a^{p^s},$$

即得 b^{p^s-1} 与 a^{p^s} 可交换，因此有 $\langle b^{p^s-1} \rangle \leqslant C_G(a^{p^s})$. 又由于 $(p^s, p^s-1)=1$，$\langle b^{p^s-1} \rangle = \langle b \rangle$，故有 $b \in C_G(a^{p^s})$，进而有 $C_G(a^{p^s})=G$，即 $a^{p^s} \in Z(G)$.

□

特别地，由引理 4.4.1 可得，如果 G 为 p 交换 p 群，则 $\mho_1(G) \leqslant Z(G)$.

定理 4.4.1 设 s 和 t 为正整数且 $s \leqslant t$，则 p^s 交换群也是 p^t 交换群.

证明 设 G 为 p^s 交换 p 群，对任意的 $a,b \in G$ 有

$$(ab)^{p^{s+1}} = ((ab)^{p^s})^p = (a^{p^s}b^{p^s})^p.$$

又由引理 4.4.1 知 $a^{p^s}, b^{p^s} \in Z(G)$，因此可得

$$(ab)^{p^{s+1}} = (a^{p^s}b^{p^s})^p = a^{p^{s+1}}b^{p^{s+1}},$$

故得 G 为是 p^{s+1} 交换群.

□

特别地，由定理 4.4.1 可得，若 G 为 p 交换 p 群，则对任意的 $s \in \mathbf{Z}^+$，G 也 p^t 交换群.

引理 4.4.2[1] G 为 p^s 交换群当且仅当 G 的 s 次方幂映射 π_s 是 G 的自同态.

证明 定义 G 的 s 次方幂映射为

$$\pi_s: a \rightarrow a^{p^s} \ (\forall a \in G).$$

若 G 为 p^s 交换群，则对任意的 $a,b \in G$，有

$$\pi_s(ab) = (ab)^{p^s} = a^{p^s}b^{p^s} = \pi_s(a)\pi_s(b),$$

故 π_s 是 G 的自同态. 反之，若 π_s 是 G 的自同态，对任意的 a，$b \in G$，

$$(ab)^{p^s} = \pi_s(ab) = \pi_s(a)\pi_s(b) = a^{p^s}b^{p^s},$$

故可得 G 为 p^s 交换群.

□

定理 4.4.2[1]　若 G 为 p^s 交换群，则 $\exp G' \leqslant p^s$.

证明　由引理 4.4.2 及群同态定理得 $\dfrac{G}{\Omega_s(G)} \cong \mho_s(G)$，又由

引理 4.4.1 知 $\mho_s(G) \leqslant Z(G)$，故可得 $\dfrac{G}{\Omega_s(G)}$ 交换，从而有 $G' \leqslant$

$\mho_s(G)$，所以 $\exp G' \leqslant p^s$.

□

特别地，若 G 为 p 交换 p 群，则有 $\exp G' \leqslant p$.

定理 4.4.3　设 G 为群，若 $N \trianglelefteq G$，$N \leqslant \zeta(G)$ 且 $\dfrac{G}{N}$ 循环，则 G

是 p 交换的.

证明　设 $\dfrac{G}{N} = \langle xN \rangle$，则 $G = \langle x, N \rangle$，故对任意的 $g_1, g_2 \in G$，

可设 $g_1 = x^{i_1}z_1$，$g_2 = x^{i_2}z_2$，其中 $z_1, z_2 \in N$. 又由 $N \leqslant \zeta(G)$ 可得

$z_1, z_2 \in \zeta(G)$，故有

$$\begin{aligned}
(g_1 g_2)^p &= (x^{i_1}z_1 x^{i_2}z_2)^p \\
&= (x^{i_1}z_1 x^{i_2})^p (z_2)^p = ((z_1)^{x^{-i_1}} x^{i_1} x^{i_2})^p (z_2)^p.
\end{aligned}$$

由 $\zeta(G)$ char G 可得，$(z_1)^{x^{-i_1}} \in \zeta(G)$，故有

$$\begin{aligned}
(g_1 g_2)^p &= ((z_1)^{x^{-i_1}})^p (x^{i_1}x^{i_2})^p (z_2)^p \\
&= (x^{i_1}z_1 x^{-i_1})^p (x^{i_1})^p (x^{i_2})^p (z_2)^p \\
&= (x^{i_1}z_1 x^{-i_1}x^{i_1})^p (x^{i_2}z_2)^p \\
&= (x^{i_1}z_1)^p (x^{i_2}z_2)^p \\
&= g_1^p g_2^p.
\end{aligned}$$

由 g_1, g_2 的任意性知，G 是 p 交换的.

定理 4. 4. 4[2]　设 $G=\langle a,x\rangle$ 是有限 *p* 群，$p>2$. 设 $a\in\zeta(G),x\in G$，则 G 是 *p* 交换群.

证明　对 $|G|$ 用归纳法. 当 $|G|\leqslant p^3$ 时，则易知 G 为 *p* 交换群. 故下面设 $|G|>p^3$. 令 $H=\langle x,a^{-1}xa\rangle=\langle x,[x,a]\rangle$，则显然有 H 为 G 的真子群，$\zeta(G)$ 在 G 中正规，得 $[x,a]=(a^{-1})^xa\in\zeta(G)$，由归纳假设可得 H 为 *p* 交换群. 因此

$$[x,a]^p=(x^{-1}(a^{-1}xa))^p=x^{-p}a^{-1}x^pa.$$

由定理 4.3.1 可得 $a\in C_G(\mho_1(G))$，故有 $[x^p,a]=1$，结合上式得 $[x,a]^p=1$. 又因为

$$[x,a]^p=((x^{-1}a^{-1}x)a)^p=x^{-1}a^{-p}xa^p,$$

故有 $[x,a^p]=1$.

由上可得，对任意的 $b\in\zeta(G)$，都有 $[x,b^p]=1$. 由于 G 中的任意元都可以写成形式 $g=x^ib$，其中 $b\in\zeta(G)$. 因此，对 G 中任意的二个元素 g,h，不妨设 $g=x^ib,h=x^jc$，其中 $b,c\in\zeta(G)$，则有

$$(gh)^p=(x^{(i+j)}b^{x^j}c)^p=x^{(i+j)p}(b^p)^{x^j}c^p=x^{ip}x^{jp}b^pc^p=g^ph^p.$$

定义 4. 4. 2　设 G 是有限 *p* 群，幂零类为 c，且

$$G=G_1>G_2>\cdots>G_{c+1}=1$$

是 G 的一个下中心群列. 若对任意的 $i,j\geqslant2$，有

$$[G_i,G_j]\leqslant G_{i+j+1},$$

则称 G 的交换度大于 0.

引理 4. 4. 3　设 G 是交换度大于 0 的有限 *p* 群，对任意的 $a,b\in G$ 和正整数 i 和 j，记

$$v_{i,j}(a,b)=[b,\underbrace{a,\cdots,a}_{i},\underbrace{b,\cdots,b}_{j}],$$

并且 $v_i(a,b)=v_{i,0}(a,b)$，$s_i(a,b)=v_{i,p-i-1}(a,b)$，则

$$(ab)^p\equiv a^pb^p\prod_{i=1}^{p-1}s_i(a,b)^{(-1)^i}\pmod{\mho_1(G')G_{p+1}}.$$

定理 4. 4. 5　设 G 为二元生成的有限 *p* 交换 *p* 群，若 G 的

交换度大于 0, 则 G 的幂零类至多为 $p-1$.

证明　设 $G=\langle a,b\rangle$, 因为 G 为 p 交换 p 群, 由定理 4.4.2 得 $\Omega_1(G')=1$. 假设定理结论不真, 且设 G 为极小阶反例, 则必有 $c(G)=p$ 且 $|G_p|=p$. 若 $c(G)>p$, 则 $G_{p+1}\neq 1$, 作商群 $\overline{G}=\dfrac{G}{G_{p+1}}$, 则 $c(\overline{G})=p$, 与 G 为极小阶反例矛盾, 故 $c(G)=p$. 若 $|G_p|>p$, 则存在 $N \vartriangleleft G$ 且 $|N|=p$, 使得 $1<N<G_p$, 作商群 $\overline{G}=\dfrac{G}{N}$, 则 $\left(\dfrac{G}{N}\right)_p=\dfrac{G_p N}{N}=\dfrac{G_p}{N}\neq 1$, 进而 $c\left(\dfrac{G}{N}\right)\geq p$, 与 G 为极小阶反例矛盾, 故 $|G_p|=p$.

由引理 4.4.3 有

$$(ab)^p=a^p b^p \prod_{i=1}^{p-1} s_i(a,b)^{(-1)^i},$$

因为 G 为 p 交换 p 群, 所以 $\prod_{i=1}^{p-1} s_i(a,b)^{(-1)^i}=1$. 在

$$s_i(a,b)=[b,\underbrace{a,\cdots,a}_{i},\underbrace{b,\cdots,b}_{p-i-1}]$$

中, 用 a^t 代替 a 得 $\prod_{i=1}^{p-1} s_i(a^t,b)^{(-1)^i}=1$, 又由定理 4.4.2 得

$$s_i(a^t,b)=[b,\underbrace{a^t,\cdots,a^t}_{i},\underbrace{b,\cdots,b}_{p-i-1}]$$

$$=[b,\underbrace{a,\cdots,a}_{i},\underbrace{b,\cdots,b}_{p-i-1}]^{t^i}=s_i(a,b)^{t^i},$$

故有 $\prod_{i=1}^{p-1} s_i(a,b)^{(-1)^i t^i}=1$, $t=1,2,\cdots,p-1$. 如果把代数运算用加法形式表示, 则可得一个域 $\mathrm{GF}(p)$ 上的关于 $p-1$ 个未知数 $s_1(a,b),s_2(a,b),\cdots,s_{p-1}(a,b)$ 的齐次线性方程组, 即

$$\begin{cases} -s_1(a,b)+s_2(a,b)-s_3(a,b)+\cdots+s_{p-1}(a,b)=0 \\ -2s_1(a,b)+2^2 s_2(a,b)-2^3 s_3(a,b)+\cdots+2^{p-1}s_{p-1}(a,b)=0 \\ \cdots\cdots \\ -(p-1)s_1(a,b)+(p-1)^2 s_2(a,b)-(p-1)^3 s_3(a,b)+\cdots+ \\ (p-1)^{p-1}s_{p-1}(a,b)=0 \end{cases}$$

该齐次线性方程组的系数行列式为

$$\Delta = \begin{vmatrix} -1 & 1 & \cdots & 1 \\ -2 & 2^2 & \cdots & (2)^{p-1} \\ \vdots & \vdots & & \vdots \\ -(p-1) & (p-1)^2 & \cdots & (p-1)^{p-1} \end{vmatrix}$$

$$= (-1)^{\frac{p-1}{2}}(p-1)! \prod_{1 \leqslant i < j \leqslant p-1}(j-i) \neq 0$$

故该方程组只有零解，即

$$s_i(a,b) = 1 (i=1,2,\cdots,p-1).$$

又由于 $G_p = \langle [x_1,x_2,\cdots,x_p] \mid x_i \in \{a,b\} \rangle$，且 G 的交换度大于 0，因此 G_p 中的元 $[x_1,x_2,\cdots,x_p]$ 都可化为 1 或 $s_i(a,b)$ 的形式，因此 $G_p = 1$，矛盾.

□

§4.5 亚交换的 p 交换 p 群

本节中将给出亚交换的 p 群是 p 交换群的一个充要条件及其一些相关性质，这些结论在 p 交换 p 群的研究中是非常重要的. 本节中的内容主要参考徐明曜教授的文献[7]。

定理 4.5.1 设 G 是二元生成有限亚交换 p 群，则 G 是 p 交换群的充要条件为 $\exp(G') \leqslant p$，并且 $c(G) < p$.

证明 充分性. 任取 $a,b \in G$，由亚交换群的换位子公式定理 3.1.2 可得

$$(ab)^p = a^p \prod_{i+j \leqslant p}[ia,jb^{-1}]^{\binom{p}{i+j}} b^p,$$

其中 i,j 为任意的正整数，且 $i+j \leqslant p$. 由 $c(G) < p$ 可得 $[ia,(p-i)b^{-1}] = 1$. 又由 $\exp(G') \leqslant p$ 知，当 $i+j < p$ 时有 $[ia,jb^{-1}]^{\binom{p}{i+j}} = 1$. 于是对任意的 $a,b \in G$ 都有 $(ab)^p = a^p b^p$ 成立，即得 G 是 p 交换群.

必要性. 设 G 为 p 交换群, 由定理 4.4.2 得 $\exp(G')\leqslant p$, 因此 G' 为初等交换 p 群. 下面将用反证法来证明 $c(G)<p$. 假设结论不成立, 并设 G 为极小阶反例. 由 G 的极小性可得 $c(G)=p$ 且 $|G_p|=p$. 由于 G 是二元生成的, 故可设 $G=\langle a,b\rangle$. 由定理 1.4.5 中的 (2) 得, G_p 可由换位子 $[x_1,x_2,\cdots,x_p]$ 生成, 其中 $x_i=a$ 或 b, 又由定理 3.1.1 中的 (5) 可得

$$G_p=\langle [ia,(p-i)b]\mid i=1,2,\cdots,p-1\rangle.$$

由 $c(G)=p$ 可知, $G_p\leqslant Z(G)$, 由定理 3.1.2 及 $\exp(G')\leqslant p$, 有

$$(ab^{-1})^p = a^p\prod_{i+j\leqslant p}[ia,jb]^{\binom{p}{i+j}}b^{-p}$$

$$= a^p\prod_{i=1}^{p-1}[ia,(p-i)b]b^{-p}$$

$$= a^p b^{-p}\prod_{i=1}^{p-1}[ia,(p-i)b].$$

由 G 为 p 交换群得

$$\prod_{i=1}^{p-1}[ia,(p-i)b]=1.$$

在上式中用 a^s 代替 a, 其中 $s=1,2,\cdots,p-1$. 由定理 3.1.3 中的 (3) 得

$$\prod_{i=1}^{p-1}[ia,(p-i)b]^{s^i}=1(s=1,2,\cdots,p-1).$$

把上式中的乘法写成加法形式, 则上式可看成域 GF(p) 上的由 $p-1$ 个关于未知数 $[ia,(p-i)b](i=1,\cdots,p-1)$ 的方程构成的齐次线性方程组, 且其系数行列式为 Vandermonde 行列式:

$$\Delta = \begin{vmatrix} 1 & 1 & \cdots & 1 \\ 2 & 2^2 & \cdots & 2^{p-1} \\ \vdots & \vdots & & \vdots \\ p-1 & (p-1)^2 & \cdots & (p-1)^{p-1} \end{vmatrix}$$

$$= 1\cdot 2\cdots(p-1)\prod_{1\leqslant i<j\leqslant p-1}(j-i)\neq 0.$$

故只有零解, 即

$$[ia,(p-i)b]=1(i=1,2,\cdots,p-1).$$
由此可得 $G_p=1$，矛盾.

注：我们有例子说明有限 p 交换 p 群的幂零类可以大于或等于 p.

推论 4.5.1 设 G 是亚交换 p 群，则 G 是 p 交换群当且仅当 $\mho_1(G')=1$，并且对每个二元生成子群 K 有 $c(K)<p$.

定理 4.5.2 设 G 是有限亚交换 p 交换 p 群，则 $c(G)\leqslant p$.

证明 在群 G 中任取 $p+1$ 个元素 $a_1,a_2,\cdots,a_{p+1}$，下面只须证明 $[a_1,a_2,\cdots,a_{p+1}]=1$ 即可. 令 $d_2=[a_1,a_2]$，因为 $[d_2,a_3]$ 是 p 交换的，由定理 4.5.1，有 $[d_2,(p-1)a_3]=1$. 又由定理 3.3.1 得
$$[d_2,(p-2)a_4,a_3]^{(p-1)!}=1(\forall a_3,a_4\in G),$$
因为 $((p-1)!,p)=1$，故有 $[d_2,a_3,(p-2)a_4]=1$. 设 $d_3=[d_2,a_3]$. 再次应用定理 3.3.1 得
$$[d_3,a_4,(p-3)a_5]^{(p-2)!}=1(\forall a_4,a_5\in G).$$
又因为 $((p-2)!,p)=1$，从而 $[d_3,a_4,(p-3)a_5]=1$. 应用定理 3.3.1 $p-1$ 次可得到
$$[a_1,a_2,\cdots,a_{p+1}]=1(\forall a_1,a_2,\cdots,a_{p+1}\in G),$$
即可得 $G_{p+1}=1$，$c(G)\leqslant p$.

当 $p=2$ 时，2 交换 2 群即为交换群. 下面对 $p=3$ 时 3 交换 3 群的幂零类进行讨论.

定理 4.5.3 二元生成有限 3 交换 3 群幂零类至多为 2.

证明 设 G 为二元生成有限 3 交换 3 群. 由定理 4.5.1，下面只须证明 G 为亚交换群即可. 若 G 为非亚交换群，因为 $G''\leqslant G_4$，所以有 $G_4\neq 1$. 令 $\bar G\leqslant\dfrac{G}{G_4}$，则可得 $\bar G$ 为二元生成的有限亚交换 3 群，且幂零类为 3，由定理 4.5.1 可得矛盾. 故 G 必为亚交换群.

定理 4.5.4 有限 3 交换 3 群是幂零类至多为 3 的亚交换群.

证明 设 G 为任一有限 3 交换 3 群, 若 $c(G) \leqslant 3$, 则有 $G_4 = 1$, 又由 $G'' \leqslant G_4$ 可得 $G'' = 1$, 即得 G 为亚交换群, 故下面只须要证明 $c(G) \leqslant 3$ 即可.

假设结论不成立, G 为极小阶反例. 取 3 阶正规子群 $N \leqslant G' \bigcap Z(G)$, 由 G 的极小性可得 $c\left(\dfrac{G}{N}\right) = 3$, 从而得 $c(G) = 4$.

任取 $a, b, c, d \in G$, 令 $z = [a, b]$. 由定理 4.2.4 知, 对 G 中任意的二元生成子群都有其幂零类小于等于 2, 故有
$$[z, cd, cd] = [z, c, c] = [z, d, d] = 1.$$
另一方面, 由 $c(G) = 4$ 及定理 3.1.3 得
$$[z, cd, cd] = [z, c, c][z, c, d][z, d, c][z, d, d],$$
故有
$$[z, c, d][z, d, c] = 1,$$
进一步可得 $[z, c, d] = [z, d, c]$, 所以有 $[z, c, d]^2 = 1$. 又由 G 为 3 群得
$$[z, c, d] = [a, b, c, d] = 1,$$
故有 $c(G) = 3$, 矛盾.

□

定理 4.5.5 设 G 为有限亚交换的极小非 p 交换群, 则 $c(G) \leqslant p$.

证明 只须证明 $G_{p+1} = 1$ 即可. 对任意的 $a_1, a_2, \cdots, a_{p+1} \in G$, 令 $d_2 = [a_1, a_2]$, 由 $[d_2, a_3] < G$ 知 $[d_2, a_3]$ 是 p 交换的, 由定理 4.5.1 得 $c([d_2, a_3]) < p$, 从而 $[d_2, (p-1)a_3] = 1$. 又由定理 3.3.1 得, 对任意的 $a_3, a_4, \in G$, 有 $[d_2, (p-2)a_4, a_3]^{(p-1)!} = 1$. 因为 $((p-1)!, p) = 1$, 所以 $[d_2, a_3, (p-2)a_4] = 1$. 令 $d_3 = [d_2, a_3]$, 再通过定理 3.3.1 同理可以得到 $a_4, a_5, \in G, [d_3, a_4, (p-3)a_5]^{(p-2)!} = 1$. 再由 $((p-2)!, p) = 1$, 又得 $[d_3, a_4, (p-3)a_5] = 1$. 反复应用定理 3.3.1 $p-1$ 次, 即可得结论成立.

□

定理 4.5.6 设 G 是有限亚交换 p 群. 则 $\zeta(G)\leqslant Z_p(G)$.

证明 对任意的 $a\in\zeta(G)$, 证明 $a\in Z_p(G)$ 即可. 即只须证明

$$[a,x_1,x_2,\cdots,x_p]=1(\forall\, x_i\in G)$$

成立即可. 令 $d_2=[a,x_1]$, 则有 $d_2\in\zeta(G)$. 由定理 4.4.4 可得 $[d_2,x_2]$ 为 p 交换群. 由定理 4.5.1, $[d_2,(p-1)x_2]=1$ 也 p 交换. 再由定理 3.3.1, 有

$$[d_2,(p-2)x_3,x_2]^{(p-1)!}=1(\forall\, x_2,x_3\in G).$$

因为 $((p-1)!,p)=1$, 故有 $[d_2,x_2,(p-2)x_3]=1$. 令 $d_3=[d_2,x_2]$, 再继续使用定理 3.3.1, 得

$$[d_3,x_3,(p-3)x_4]^{(p-2)!}=1(\forall\, x_3,x_4\in G).$$

同上, 由 $((p-2)!,p)=1$ 得 $[d_3,x_3,(p-3)x_4]=1$. 连续使用定理 3.3.1 $p-1$ 次, 可得到

$$[a,x_1,\cdots,x_p]=1(\forall\, x_1,x_2,\cdots,x_p\in G).$$

$\square$

§4.6 正则 p 群

P. Hall 于 1933 年发表了文献[3], 在该文中很大一部分内容主要讲述了正则 p 群理论, 该文对有限 p 群理论的发展是至关重要的, 随后他又在文献[4]中拓展了该理论, 使得正则 p 群理论成为一个重要的研究方向. 本节的主要内容见参考文献[6].

定义 4.6.1 有限 p 群 G 称为正则的, 如果对 G 中任意的 a,b 都有

$$(ab)^p=a^pb^pc_3^p\cdots c_m^p,$$

其中 $c_i\in[a,b]',i=1,2,\cdots,m.$

显然正则 p 群的子群和商群仍正则, 特别地, 若 $\exp G=p$, 显然有 G 为正则的. 又由 p 交换群和正则的定义显然可得 p 交换群一定是正则的, 但反之不一定成立, 但有下列结论成立.

定理 4.6.1　正则 p 群 G 是 p 交换的当且仅当 $\mho_1(G')=1$.

证明　若 G 为 p 交换群，由定理 4.4.2 直接可得结论成立，故下面只须证明充分性即可. 设 G 是正则 p 群，对任意的 $a,b\in G$，则由正则的定义可得

$$(ab)^p=a^p b^p d_1^p d_2^p \cdots d_s^p,$$

其中 $d_i\in\langle a,b\rangle'$，$i=1,2,\cdots,s$. 因为 $\mho_1(G')=1$，所以有 $\mho_1([a,b]')=1$，于是可得 $d_i^p=1(i=1,2,\cdots,s)$. 故得 $(ab)^p=a^p b^p$，G 为 p 交换群.

$\square$

下面给出有限 p 群正则的一些性质和充分条件.

定理 4.6.2　设 G 是有限 p 群，则有：

(1)若 $c(G)<p$，则 G 正则；

(2)若 $|G|\leqslant p^p$，则 G 正则；

(3)若 $p>2$ 且 G' 循环，则 G 正则.

证明　(1)任取 $a,b\in G$，令 $H=\langle a,b\rangle$，则由 Hall 恒等式可得

$$(ab)^p=(ab)^p c_2^{\binom{p}{2}} c_3^{\binom{p}{3}} \cdots c_{p-1}^{\binom{p}{1}} c_p. \tag{1}$$

其中 $c_i\in H_i\leqslant H'$，$i=2,3,\cdots,p-1$，$c_p\in H_p$. 又由 $c(G)<p$ 可得 $G_p=1$，进而有 $H_p=1$，故有 $c_p=1$. 又因为 $p\,\Big|\,\begin{vmatrix}p\\i\end{vmatrix}$，$i=2,\cdots,p-1$，令 $d_i=c_i^{\dfrac{-\binom{p}{i}}{p}}$，则有

$$(ab)^p=a^p b^p d_{p-1}^p d_{p-2}^p \cdots d_2^p,$$

故可得 G 为正则的.

(2)由 $|G|\leqslant p^p$ 易知 $c(G)<p$，由(1)可得结论成立.

(3)任取 $a,b\in G$，设 $H=\langle a,b\rangle$，不妨设 H 为非交换的. 由于 G' 循环，故可得 $H'=\langle x\rangle$ 也循环，从而有 $H_3\leqslant\langle x^p\rangle$. 由于 $p>2$，从而有 $H_p\leqslant\langle x^p\rangle$. 利用 Hall 恒等式(1)式，当 $i=1,2$，$\cdots,p-1$ 时和(1)相同，令 $d_i=c_i^{\dfrac{-\binom{p}{i}}{p}}$，因而有 $H_p\leqslant\langle x^p\rangle$，故存在

H' 中元素 d_p，使得 $d_p^p = c_p^{-1}$，故可得到
$$(ab)^p = a^p b^p d_p^p d_{p-1}^p \cdots d_2^p,$$
因此 G 正则．

$\square$

定理 4.6.3 设 G 为有限正则 p 群，则有 $G_{P+1} \leqslant \Phi(G')$；当 $d(G) = 2$ 时，有 $G_P \leqslant \Phi(G')$．

证明 设 $\bar{G} = \dfrac{G}{\mho_1(G')}$，因为 G 正则，故由定理 4.6.1 可得 $\bar{G} = \dfrac{G}{\mho_1(G')}$ 是 p 交换的．又因为 $\Phi(G') = \mho_1(G')G''$，故进一步可得 $\dfrac{G}{\Phi}(G')$ 是亚交换的 p 交换群．由定理 4.5.1 和定理 4.5.5 即得结论成立．

$\square$

由上述定理，我们可得到关于正则 2 群和正则 3 群的一些性质．

定理 4.6.4 (1)正则 2 群是交换的；

(2)二元生成有限 3 群 G 正则的充要条件为 G' 循环．

证明 (1)设 G 为正则 2 群，任取 $a, b \in G$．不妨设 $K = [a, b]$，由定理 4.6.4 得 $K_2 = K' \leqslant \Phi(K')$，从而可得 $K' = 1$，即 K 为交换群，从而有 a, b 可交换．又由 a, b 的任意性进而可得 G 为交换群．

(2)设 G 为二元生成的有限 3 群，若 G' 循环，由定理 4.6.2 直接可得 G 正则．故下面只须证明必要性即可．设 G 为二元生成的有限正则 3 群，且 $G = \langle a, b \rangle$．由定理 4.6.3 得 $G_3 \leqslant \Phi(G')$．又由定理 1.4.8(4)可得，
$$G' = \langle G_3, [a, b] \rangle.$$
因为 $G_3 \leqslant \Phi(G')$，所以有 $G' = \langle [a, b] \rangle$，从而得 G' 循环．

$\square$

定理 4.6.5 设 G 是有限正则 p 群，s 是任一正整数．则：

(1)对任意的 $a, b \in G$，存在 $c \in G$ 使得 $a^{p^s} b^{p^s} = c^{p^s}$．于是有

$\mho_s(G) = V_s(G)$；

（2）对任意的 $a, b \in G$，$a^{p^s} = b^{p^s}$ 当且仅当 $(a^{-1}b)^{p^s} = 1$. 特别地有 $\Omega_s(G) = \Lambda_s(G)$.

证明　（1）若 $|G| \leqslant p^2$，此时 G 为交换群，结论显然成立. 设 $|G| > p^2$. 对 $|G|$ 作归纳法，先证 $s = 1$ 的情形. 若 $\langle a, b \rangle$ 是 G 的真子群，由归纳假设，结论成立. 故设 $G = \langle a, b \rangle$，由正则的定义得

$$(ab)^p = (ab)^p d_1^p \cdots d_s^p \ (d_i \in G').$$

因为上述等式右边属于 G 的真子群 $\langle ab, G' \rangle$，由归纳假设，存在元素 $c \in \langle ab, G' \rangle$ 使得

$$(ab)^p d_1^p \cdots d_s^p = c^p,$$

结论成立.

设 $s > 1$，由归纳假设可得

$$a^{p^s} b^{p^s} = (a^p)^{p^{s-1}} (b^p)^{p^{s-1}} = t^{p^{s-1}},$$

其中 $t \in \langle a^p, b^p \rangle$，由于结论对 $s = 1$ 时已成立，故存在 $c \in G$ 使得 $t = c^p$，从而 $a^{p^s} b^{p^s} = c^{p^s}$，故得结论成立.

（2）与（1）类似，先设 $s = 1$，对 $|G|$ 作归纳法. 与（1）同理，设 $G = \langle a, b \rangle$. 若 $a^p = b^p$，则有 $[a^p, b] = 1$，即 $a^{-p}(b^{-1}ab)^p = 1$. 因为 $\langle a, b^{-1}ab \rangle = \langle a, [a, b] \rangle$ 是 G 的真子群，由归纳假设可得 $(a^{-1}b^{-1}ab)^p = [a, b]^p = 1$. 又因为 $G' = \langle [a, b]^g \mid g \in G \rangle$ 也是 G 的真子群，由于 $\exp G' \leqslant p$，从而有 $\mho_1(G') = 1$，进而有 $\mho_1(\langle a, b' \rangle) = 1$，由正则的定义可得 $(a^{-1}b)^p = 1$. 反之，若 $(a^{-1}b)^p = 1$，则有 $G = \langle a^{-1}b, a \rangle$，同上类似，由 $[(a^{-1}b)^p, a] = 1$ 可得 $\exp G' \leqslant p$，从而可得 $a^{-p}b^p = 1$，即 $a^p = b^p$.

设 $s > 1$. 对 s 作归纳法. 由归纳假设，$a^{p^s} = b^{p^s}$ 等价于 $(a^{-p}b^p)^{p^{s-1}} = 1$. 设 $\bar{G} = \dfrac{G}{\Omega_{s-1}(G)}$，且设 a, b 在自然同态下的象为 $\bar{a}, \bar{b}$，则有 $\bar{a}^p = \bar{b}^p$（在 $\bar{G}$ 中），由于结论对 $s = 1$ 时成立，故又可得 $(\bar{a}^{-1}\bar{b})^p = \bar{1}$，即有 $(a^{-1}b)^p \in \Omega_{s-1}(G)$，从而有 $(a^{-1}b)^{p^s} = 1$ 成立.

□

上述定理在正则 p 群的幂结构中很重要，如果用幂映射的

语言可表述如下.

定理 4.6.6 设 G 是有限正则 p 群，π_s 为 G 的 s 次方幂映射. 则有：

(1) $\mathrm{Ker}\pi_s = \Omega_s(G)$，$\mathrm{Im}\pi_s = \mho_s(G)$；

(2) 映射 $\bar{\pi}_s: a\Omega_s(G) \to a^{p^s}$，$\forall a \in G$，是 $\dfrac{G}{\Omega_s(G)}$ 到 $\mho_s(G)$ 上的一一映射. 特别地，$\left|\dfrac{G}{\Omega_s(G)}\right| = |\mho_s(G)|$.

定义 4.6.2 设 $(b_1, b_2, \cdots, b_r)$ 为有限群 G 的一组有序元素组，且有 $o(b_i) = n_i > 1$，$i = 1, 2, \cdots, r$. 如果对任意的 $g \in G$，g 均可唯一地表示为

$$g = b_1^{m_1} b_2^{m_2} \cdots b_r^{m_r} \ (0 \leqslant m_i < n_i，i = 1, 2, \cdots, r)，$$

则称 $(b_1, b_2, \cdots, b_r)$ 为群 G 的一组唯一性基底.

定理 4.6.7 若有限正则 p 群 G 有唯一性基底 $(b_1, b_2, \cdots, b_r)$，则 $r = w(G)$，且将 $\{o(b_i) \mid i = 1, 2, \cdots, r\}$ 排成降序必为 p^{e_1}，p^{e_2}，$\cdots$，p^{e_w}，这里 $(e_1, e_2, \cdots, e_w)$ 是 G 的型不变量.

证明 设交换 p 群 $A = \langle a_1 \rangle \times \langle a_2 \rangle \times \cdots \times \langle a_r \rangle$ 是以 $(a_1, a_2, \cdots, a_r)$ 为基底，且满足 $o(a_i) = o(b_i)$，$i = 1, 2, \cdots, r$. 为证明上面结论成立，只须证明 G 和 A 有相同的型不变量即可. 即只须证明对任意的 s，都有 $|\mho_s(G)| = |\mho_s(A)|$，进而可得 G 和 A 有相同的 w 不变量.

作映射 $f: g = b_1^{m_1} \cdots b_r^{m_r} \mapsto h = a_1^{m_1} \cdots a_r^{m_r}$，其中 $0 \leqslant m_i < n_i$，$i = 1, 2, \cdots, r$. 显然可知 f 是 G 到 A 上的一一映射. 任取 $h = a_1^{m_1} \cdots a_r^{m_r} \in \mho_s(A)$（或 $\Omega_s(A)$），则有 $p^s \mid m_i$（或 $n_i \mid p^s m_i$），于是由定理 4.6.5 可得 $f^{-1}(h) \in \mho_s(A)$. 即得 $|\mho_s(G)| \geqslant |\mho_s(A)|$，$|\Omega_s(G)| = |\Omega_s(A)|$. 又因为

$$|\mho_s(G)| |\Omega_s(G)| = |G| = |A| = |\mho_s(A)| |\Omega_s(A)|，$$

因此必有 $|\mho_s(G)| = |\mho_s(A)|$ 和 $|\Omega_s(G)| = |\Omega_s(A)|$ 成立. 故结论得证.

□

为进一步证明唯一性基底的存在性，下面首先引进 W-群列

和 L-群列的定义.

定义 4.6.3　设 G 为有限正则 p 群,令
$$W_i(G) = \mho_1(G)\Omega_i(G)(i=0,1,\cdots,e=e(G)),$$
称群列
$$\mho_1(G) = W_0(G) \leqslant W_1(G) \leqslant \cdots \leqslant W_{e-1}(G) \leqslant W_e(G) = G \quad (\mathrm{W})$$
为 G 的 W-群列.

在 W-群列中去掉重复项,再任意加细成 G 到 $\mho_1(G)$ 间的一个主群列
$$G = L_0(G) > L_1(G) > \cdots > L_w(G) = \mho_1(G), \quad (\mathrm{L})$$
则称之为 G 的 L-群列.

引理 4.6.1[4]　设 (W) 和 (L) 分别为正则 p 群 G 的 W-群列和一个 L-群列,则对任意的 $i=0,1,\cdots,e-1$,有 $W_i(G) = L_{w_{i+1}}(G)$.

证明　一方面,
$$p^{w\left(\frac{G}{\Omega_i(G)}\right)} = \left| \frac{G}{\Omega_i(G) : \mho_1\left(\frac{G}{\Omega_i(G)}\right)} \right|$$
$$= |G : \mho_1(G)\Omega_i(G)|$$
$$= |G : W_i(G)|.$$

另一方面,$p^{w\left(\frac{G}{\Omega_i(G)}\right)} = |\Omega_{i+1}(G) : \Omega_i(G)| = p^{w_{i+1}(G)}$. 故 $|G : W_i(G)| = p^{w_{i+1}}$. 而 $|G : L_{w_{i+1}}(G)| = p^{w_{i+1}}$,故 $W_i(G) = L_{w_{i+1}}(G)$.

□

定理 4.6.8[4]**(P. Hall)**　设 (L) 是有限正则 p-群 G 之任一 L-群列,取 b_i 是 $\dfrac{L_{i-1}(G)}{L_i(G)}$ 中任一最小阶元素,$i=1,2,\cdots,w$,则 $(b_1,b_2,\cdots,b_w)$ 是 G 的一组唯一性基底.

证明　首先证明 $o(b_i) = p^{e_i}$,$i=1,2,\cdots,w$,取 $\alpha \in \mathbf{Z}^+$ 且满足 $w_{\alpha+1} < i \leqslant w_\alpha$,由型不变量的定义可得 $e_i = \alpha$. 故下面只须证明 $o(b_i) = p^\alpha$ 即可. 因为 $w_{\alpha+1} < i \leqslant w_\alpha$,故有 $L_{w_{\alpha+1}} > L_i \geqslant L_{w_\alpha}$,即 $W_\alpha > L_i \geqslant W_{\alpha-1}$,由此又可得 $W_\alpha \geqslant L_{i-1} > L_i \geqslant W_{\alpha-1}$. 因为所有阶小于或等于 $p^{\alpha-1}$ 的元素(它们组成子群 $\Omega_{\alpha-1}(G)$)都属于 $W_{\alpha-1}$,故 $L_{i-1}\backslash L_i$ 中元素的阶都大于或等于 p^α,又因 $W_\alpha = W_{\alpha-1}\Omega_\alpha$,故 W_α 可由

W_{a-1} 和所有 p^a 阶元生成，从而任取 $g \in W_a$，都有 $g = hk$，其中 $h \in W_{a-1}$，k 的阶为 p^a. 设 $L_{i-1} = \langle L_i, g \rangle \leqslant W_a$，由 $g = hk \in L_{i-1}$ 可得 $k \in L_{i-1}$. 又因为 $k \notin L_i$，故 $k \in L_{i-1} \backslash L_i$. 从而可得 $L_{i-1} \backslash L_i$ 中的确包含 p^a 阶元，进而得到 $o(b_i) = p^a$.

下面证明 $(b_1, b_2, \cdots, b_w)$ 是 G 的唯一性基底. 对 $|G|$ 作归纳法，当 $e = 1$ 时，即 $\exp G = p$，此时 (L) 群列是 G 的主群列，显然可得 $(b_1, b_2, \cdots, b_w)$ 是 G 的一组唯一性基底. 设 $e > 1$，且 $o(b_i) = p^e$，$i = 1, 2, \cdots, s$，但当 $s < w$ 时有 $o(b_{s+1}) < p^e$，此时有 $L_s(G) = \langle \mho_1(G), b_{s+1}, \cdots, b_w \rangle \leqslant \Omega_{e-1}(G)$，而 $L_{s-1}(G) \nleqslant \Omega_{e-1}(G)$. 因此可得 $\Omega_{e-1}(L_{s-1}) \geqslant L_s$，$L_{s-1} \neq \Omega_{e-1}(L_{s-1})$. 又因为 $|L_{s-1} : L|_s = p$，故有 $\Omega_{e-1}(L_{s-1}) = L_s$. 由此得

$$w_e(L_{s-1}) = w\left(\frac{L_{s-1}}{\Omega_{e-1}(L_{s-1})}\right) = w\left(\frac{L_{s-1}}{L_s}\right) = 1.$$

由定理 4.6.6 可得，$|\mho_{e-1}(L_{s-1})| = p^{w_e(L_{s-1})} = p$. 又因为 $1 \neq b^{p^{e-1}} \in \Omega_{e-1}(L_{s-1})$，故可得 $[b^{p^{e-1}}] = \mho_{e-1}(L_{s-1}) \trianglelefteq G$. 于是 $b_s^{p^{e-1}} \in Z(G)$.

作商群 $\overline{G} = \dfrac{G}{\mho_{e-1}(L_{s-1})} = \dfrac{G}{\langle b_s^{p^{e-1}} \rangle}$. 由 $b_s^{p^{e-1}} \in \mho_1(G) = W_0(G)$ 可得 $b_s^{p^{e-1}} \in L_i$，$i = 0, 1, \cdots, w$. 令 $\overline{L}_i = \dfrac{L_i}{\langle b_s^{p^{e-1}} \rangle}$ 可得群列

$$\overline{G} = \overline{L}_0 > \overline{L}_1 > \cdots > \overline{L}_w = \mho_1(\overline{G}) = \frac{\mho_1(G)}{\langle b_s^{p^{e-1}} \rangle}.$$

下面将证明 $(\overline{L})$ 也是 $\overline{G}$ 的一个 L-群列，且 $\overline{b}_i = b_i \langle b_s^{p^{e-1}} \rangle$ 仍是 $\overline{L}_{i-1} \backslash \overline{L}_i$ 中的最小阶元，并且当 $i \neq s$ 时有 $o(\overline{b}_i) = o(b_i)$，$o(\overline{b}_s) = p^{e-1}$.

下面首先证明当 $i \neq s$ 时，对任意的 $\overline{x} \in \overline{G} \backslash \overline{L}_i$ 都有 $o(\overline{x}) \geqslant o(b_i)$. 对 $\overline{x}$ 的原象 x 有 $o(x) \geqslant o(b_i)$，因此 $o(\overline{x}) \geqslant \dfrac{o(b_i)}{p}$. 若 $o(\overline{x}) = \dfrac{o(b_i)}{p}$，则有 $x^{p^{e_i-1}} \in \langle b_s^{p^{e-1}} \rangle$，设 $x^{p^{e_i-1}} = b_s^{jp^{e-1}}$，由定理 4.6.5 可得 $(x b_s^{-jp^{e-e_i}})^{p^{e_i-1}} = 1$. 若 $i > s$，则有 $e - e_i > 0$. 因为 $b_s^{-jp^{e-e_i}} \in \mho_1(G) \leqslant L_i$，所以 $b x_s^{-jp^{e-e_i}} \in G \backslash L_i$. 但有 $o(b x_s^{-jp^{e-e_i}}) < o(b_i)$，这与

b_i 的取法矛盾. 若 $i<s$，则有 $e=e_i$，$b_s^{-j}\in L_i$，因而可得 $xb_s^{-j}\in G\backslash L_i$，$o(xb_s^{-j})<o(b_i)$，与 b_i 的取法矛盾. 故得当 $i\neq s$ 时，对任意的 $\bar{x}\in \bar{G}\backslash \bar{L}_i$ 都有 $o(\bar{x})\geqslant o(b_i)$. 当 $i=s$ 时，存在 p^{e-1} 阶元 $\bar{b}_s\in \bar{G}\backslash \bar{L}_s$，且 $\bar{b}_s\in \bar{L}_{s-1}\backslash \bar{L}_s$. 又由于 $\bar{G}\backslash \bar{L}_{s-1}$ 中元素都是 p^e 阶的，从而可得 $W_{e-1}(\bar{G})\backslash \bar{L}_{s-1}$，而当 $j\neq e-1$ 时，$W_j(\bar{G})=\bar{W}_j(G)$ 仍为 $(\bar{L})$ 中一项. 由 L-群的定义可得 $(\bar{L})$ 是 $\bar{G}$ 的一个 L-群列，且 $\bar{b}_i$ 是 $\bar{L}_{i-1}\backslash \bar{L}_i$ 中的最小阶元.

由归纳假设可得，$(\bar{b}_1,\bar{b}_2,\cdots,\bar{b}_w)$ 是 $\bar{G}$ 的一组唯一性基底，从而任取 $\bar{g}\in \bar{G}$，则 $\bar{g}$ 都可唯一表示成

$$\bar{g}=\bar{b}_1^{\,m_1}\bar{b}_2^{\,m_2}\cdots\bar{b}_w^{\,m_w},\ 0\leqslant m_i<p^{e_i},$$

其中 $i\neq s$，$0\leqslant m_s<p^{e-1}$. 综上可得，对任意的 $g\in G$，都可唯一表示成

$$g=b_1^{m_1}b_2^{m_2}\cdots b_w^{m_w}\cdot b_s^{kp^{e-1}}=b_1^{m_1}b_2^{m_2}\cdots b_s^{m_s+kp^{e-1}}\cdots b_w^{m_w},$$

其中 $i\neq s$，$0\leqslant m_s<p^{e-1}$，$0\leqslant m_s+kp^{e-1}<p^e$. 故 $(b_1,b_2,\cdots,b_w)$ 是 G 的唯一性基底.

$\square$

§4.7　极小非正则 p 群

定义 4.7.1　有限 p 群 G 称为极小非正则的，如果群 G 本身非正则，而 G 的所有真子群和真商群都是正则的.

定理 4.7.1　设 G 为极小非正则 3 群，则 $c(G)=3$.

证明　设 G 为极小非正则 3 群，则 $d(G)=2$，从而有 $d\left(\dfrac{G}{\mho_1(G)}\right)=2$，又 $\exp\left(\dfrac{G}{\mho_1(G)}\right)=3$，进而知 $\left|\dfrac{G}{\mho_1(G)}\right|\leqslant 3^3$，因此 $c\left(\dfrac{G}{\mho_1(G)}\right)\leqslant 2$. 再进一步可知 $\mho_1(G)=Z(G)$，故 $c(G)\leqslant 3$. 若 $c(G)\leqslant 3$，则 G 正则，与题设矛盾. 故必有 $c(G)=3$.

$\square$

定理 4.7.2[1]（**A. Mann**）　设 G 是极小非正则 p 群，且有幂

零类为 c，方次数为 p^e. 则有：

(1) G 二元生成；

(2) $\exp G' = p$ 且 $\forall x, y, z \in G$，都有 $(x\langle y, z \rangle)^p = x^p$；

(3) $Z(G) = \mho_1(G)$ 是 p^{e-1} 阶的循环群，且 G 有唯一的极小正规子群 G_c；

(4) $\dfrac{G}{G'}$ 是 (P^{e-1}, p) 型的交换群；

(5) G 的所有真截断的幂零类小于 c；

(6) G 是 p^2 交换群.

证明 (1) 若 $d(G) > 2$，则由正则的定义及 G 的极小性易得 G 自身正则，矛盾，故 G 本身必为二元生成的.

(2) 若 $\mho_1(G') \neq 1$，则由 G 的极小性可得 $\dfrac{G}{\mho_1}(G')$ 正则. 由定理 4.6.1 可得 $\dfrac{G}{\mho_1}(G')$ 为 p 交换的，即对任意的 $a, b \in G$ 都有

$$b^{-p} a^{-p} (ab)^p \in \mho_1(G'),$$

从而存在 $d_1, d_2, \cdots, d_s \in G'$ 使得

$$(ab)^p = a^p b^p d_1^p \cdots d_s^p.$$

如果 $G = \langle a, b \rangle$，则对 a, b 已满足正则条件. 如果 $\langle a, b \rangle < G$，则由 G 的极小性可得 $\langle a, b \rangle$ 正则，故 G 为正则的，与题设矛盾. 从而有 $\mho_1(G') = 1$，即得 $\exp G' = p$.

对任意的 $x, y, z \in G$，由于 $\langle x[y, z] \rangle < G$，故 $\langle x[y, z] \rangle$ 正则，又由 $\exp G' = p$ 可得 $\langle y, z \rangle^p = 1$，从而 $\forall x, y, z \in G$ 都有 $(x[y, z])^p = x^p$ 成立.

(3) 任取 $a, b \in G$，由(2)可得 $b^{-1} a^p b = (b^{-1} ab)^p = (a[a, b])^p = a^p$. 由 b 的任意性可推出 $a^p \in Z(G)$. 又由 a 的任意性即得 $\mho_1(G) \leqslant Z(G)$.

由(2)和定理 4.6.1 可得，G 的所有真子群都是 p 交换的. 使用反证法，假设 K 和 L 为 G 中两个不同的极小正规子群，则由 $\dfrac{G}{K}$ 和 $\dfrac{G}{L}$ 的 p 交换性可得 G 也是 p 交换群，进而得 G 正则，矛

盾. 故 G 中只能有唯一的极小正规子群, 由此可得 $Z(G)$ 循环, 又由 $\mho_1(G) \leqslant Z(G)$ 得 $\mho_1(G)$ 也是循环群.

因为 G 的方次数为 p^e, 故可得 $\mho_1(G)$ 的方次数为 p^{e-1}. 又由于 $\exp G' = p$, 故必有 $\exp \Phi(G) = p^{e-1}$. 不妨设 $\mho_1(G) < Z(G)$, 则 $Z(G)$ 中必包含元素 a 使得 $o(a) = p^e$, 从而可得 $a \notin \Phi(G)$. 又由 (1) 知 G 是二元生成的, 因此 G 可由 $Z(G)$ 和另外一个元素生成, 从而得到 G 为交换群, 与 G 非正则矛盾. 故必有 $Z(G) = \mho_1(G)$ 是 p^{e-1} 阶的循环群.

又由 $G_c \leqslant Z(G) \cap G'$ 且 $|G_c| = p$ 可得, G_c 为 G 的唯一的极小正规子群.

(4) 令 $\bar{G} = \dfrac{G}{G'}$, 因为 $\mho_1(G)$ 循环, 故可得 $\mho_1(\bar{G}) \cong \dfrac{\mho_1(G)}{\mho_1(G)} \cap G'$ 也循环, 从而可得 $|\mho_1(\bar{G})| = p^{e-2}$, 进而可得 $\bar{G} = \dfrac{G}{G'}$ 为 (P^{e-1}, p) 型交换群.

(5) 由 (3) 知 G_c 为 G 的唯一的极小正规子群, 故 G 的所有真商群的幂零类都小于 c.

设 H 为 G 的极大子群, 则可得 $\Phi(G) \leqslant H$. 断言 $\Phi(G) = Z_{c-1}(G)$. 因为 $\dfrac{G}{Z_{c-1}}(G)$ 交换, 所以 $Z_{c-1}(G) \geqslant G'$. 显然 $Z_{c-1}(G) \geqslant Z(G) = \mho_1(G)$, 因此 $Z_{c-1}(G) \geqslant \Phi(G)$. 若 $Z_{c-1}(G) > \Phi(G)$, 则有 $\dfrac{G}{Z_{c-1}(G)}$ 循环群, 从而有 $G = Z_{c-1}(G)$, 矛盾. 于是可得 $Z_{c-1}(G) = \Phi(G)$. 这样 $\Phi(G) \leqslant Z_{c-1}(G)$, 故可得 $H = Z_{c-1}(H), c(H) < c$.

(6) 由 $\dfrac{G}{G_c}$ 的 p 交换性可得, 对任意的 $a, b \in G$ 都有
$$(ab)^p = a^p b^p z \quad (z \in G_c).$$
又因为 $a^p, b^p, z \in Z(G)$, 且 $o(z) \leqslant p$, 可得
$$(ab)^{p^2} = a^{p^2} b^{p^2}.$$
因此 G 为 p^2 交换群.

□

定理 4. 7. 3　设 G 为极小非正则 3 群，且 $\exp G = 3^e$，则 $|G| = 3^{e+2}$.

证明　由定理 4.7.1 的证明过程可知，$\left|\dfrac{G}{\mho_1(G)}\right| \leqslant 3^e$. 又由定理 4.7.2 知，$\mho_1(G)$ 为 3^{e-1} 阶循环群，从而可得 $|G| \leqslant 3^{e+2}$. 由于 G 中存在 3^e 阶元，若 $|G| \leqslant 3^{e+1}$，则 G 为亚循环群. 由定理 4.6.2可知，G 正则，与题设矛盾. 故 $|G| = 3^{e+2}$.

参考文献

［1］A. Mann(1971)，Regular p-groups, Israel J. Math. ,10, 471-477.

［2］曲海鹏，张巧红. 极小非 3 交换 3 群的分类［J］. 数学进展，2010，10(5)：599-607.

［3］P. Hall(1933)，A contribution to the theory of groups of prime power order，Proc. London Math. Soc. ,36,29-95.

［4］P. Hall(1935)，On a theorem of Frobenius，Proc. London Math. Soc. ,40,468-501.

［5］Ming-Yao Xu (1991)，Basis theorem foe regular groups and its application to some classification problems,19, 1271-1280.

［6］徐明曜，黄建华，李慧陵，等. 有限群导引（下册）［M］. 北京：科学出版社，1999.

［7］Ming-Yao Xu (1984)，A theorem on metabelian p-groups and some consequences，*Chin. Ann. Math.* ,5B,1-6.

［8］C. R. Hobby(1960)，A characteristic subgroup of a p group，*Pacific J. Math.* ,5,225-227.

［9］张巧红，张勤海(2007). 关于 p 换位子的若干性质. 山西师范大学学报，21,4,1-3.

［10］M. F. Newman and Ming-Yao Xu (1987)，Metacyclic groups of prime-power order(preprint).

［11］ M. F. Newman and Ming-Yao Xu（1988），Metacyclic groups of prime-power order(Research) announcement），*Adv. in Math*. (China)，17，106-107.

［12］徐明曜. 有限群导引（上册）［M］. 北京：科学出版社，1999.

［13］［德］贝・胡佩特. 有限群论(中译本第一分册)［M］. 福州：福建人民出版社，1992.

第 5 章 极小非 p 交换 p 群

本章中主要给出极小非 3 交换 3 群的分类和一些特殊的极小非 p 交换 p 群的分类.

§5.1 内交换和极小非交换 p 群

本节中主要给出内交换 p 群的分类. 作为内交换 p 群的特殊情形,下面首先给出所有的 p^3 阶群.

定理 5.1.1 设 G 为 p^3 阶群,则 G 是下列群之一:

(1)交换群 C_{p^3},$C_{p^2} \times C_p$ 或 C_p^3.

(2)非交换群:

①$p=2$ 时:

(i)$\langle a,b \mid a^4=b^2=1, a^b=a^3 \rangle$(二面体群);

(ii)$\langle a,b \mid a^4=1, b^2=a^2, a^b=a^3 \rangle$(四元素群);

②$p \neq 2$ 时:

(i)$\langle a,b \mid a^{p^2}=b^p=1, a^b=a^{1+p} \rangle$;

(ii$'$)$\langle a,b,c \mid a^p=b^p=c^p=1, \langle a,b \rangle=c, \langle a,c \rangle=\langle b,c \rangle=1 \rangle$.

证明 由定理 2.5.2 可得 p^3 阶交换群有 3 类群,型不变量分别为 (p^3),(p^2,p),(p,p,p).

下面设 G 为 p^3 阶非交换群. 任取 $N \trianglelefteq G$ 且 $|N|=p$,作商群 $\dfrac{G}{N}$,则有 $\left| \dfrac{G}{N} \right|=p^2$,从而可得 $\dfrac{G}{N}$ 为交换群,进而有 $G' \leqslant N$. 因为 G 非交换,$G' \neq 1$,所以有 $G'=N$ 且 $G' \leqslant Z(G)$. 下面分两种情形来讨论:

(1)若 G 中存在 p^2 阶元 a,则有 $\langle a \rangle$ 为群 G 的极大子群,从

而 $\langle a\rangle \unlhd G$. 又由 $\langle a^p\rangle \mathrm{char}\langle a\rangle$ 得 $\langle a^p\rangle$ 为 G 的 p 阶正规子群，$G'=\langle a^p\rangle$. 任取 $b_1\in G\backslash\langle a^p\rangle$.

(i) 若 $o(b_1)=p$，则有 $G=\langle a,b_1\rangle$ 且 $[a,b_1]\neq 1$. 设 $[a,b_1]=a^{kp}$（p 不整除 k）. 令 $b=b_1^i$，其中 i 满足 $ik\equiv 1(\mathrm{mod}\ p)$，则有

$$[a,b]=[a,b_1^i]=[a,b_1]^i=a^{ikp}=a^p,$$

故可得群 G 为以下关系式：

$$\langle a,b\mid a^{p^2}=b^p=1,a^b=a^{1+p}\rangle.$$

(ii) 若 $o(b_1)=p^2$，则有 $b_1^p\in\langle a\rangle$. 故可设 $b_1^p=a^{kp}$. 若 $p\neq 2$，则由换位子公式可得

$$(b_1a^{-k})^p=b_1^p a^{-kp}[a^{-k},b_1]^{\binom{p}{2}}=1,$$

因此存在 p 阶元 $b_1a^{-k}\in G\backslash\langle a\rangle$，故可化为情形 (i). 若 $p=2$，则 $b_1^2=a^2$，$[a,b_1]=a^2$. 用 b 代替 b_1 可得群

$$\langle a,b\mid a^4=1,b^2=a^2,a^b=a^3\rangle.$$

(2) 若 G 中不存在 p^2 阶元，分 $p=2$ 和 $p\neq 2$ 讨论：当 $p=2$ 时，此时有 $\exp(G)=2$，从而可得 G 为交换群，矛盾. 当 $p\neq 2$ 时，设 $\dfrac{G}{G'}=\langle aG',bG'\rangle$，则 $G=\langle a,b,G'\rangle$. 因为 G 非交换，故 $[a,b]\neq 1$. 从而可得 $G'=\langle[a,b]\rangle$，令 $c=[a,b]$ 可得群 G 为

$$\langle a,b,c\mid a^p=b^p=c^p=1,[a,b]=c,[a,c]=[b,c]=1\rangle.$$

易验证，上述三类群是互不同构的，且确实为 p^3 阶非交换群，故 p^3 阶非交换群为上述三类群.

$\square$

引理 5.1.1[1]　设 G 是非交换群，A 为 G 的交换正规子群，且有 $\dfrac{G}{A}=\langle xA\rangle$ 为循环群. 则有：

(1) 映射 $\varphi:a\to[a,x],a\in A$ 是 A 到 G' 上的满同态；

(2) $G'\cong\dfrac{A}{A\cap Z(G)}$.

特别地，如果 G 中存在交换的极大子群，则 $|G|=p|G'||Z(G)|$.

证明　(1) 对 G 中的任意两个元素 $x^i a,x^j b$，其中 $a,b\in A$，

则经过适当的换位子公式总可将 $[x^i a, x^j b]$ 化成 $[c,x]$ 形式,其中 c 为 A 的某一适当的元素,故 φ 为 A 到 G' 上的满射. 又因为对任意的 $a,b \in A$ 都有

$$\varphi(ab) = [ab,x] = [a,x]^b[b,x] = [a,x][b,x] = \varphi(a)\varphi(b),$$

故可得映射 $\varphi: a \to [a,x], a \in A$ 是 A 到 G' 上的满同态.

(2) 易知,(1)中有 $\mathrm{Ker}\varphi = A \bigcap Z(G)$,由同态基本定理可得

$$G' \cong \frac{A}{A \bigcap Z(G)}.$$

□

定理 5.1.2[1]　设 G 是有限 p 群,则下列命题等价:

(1) G 是内交换群;

(2) $d(G) = 2$ 且 $|G'| = p$;

(3) $d(G) = 2$ 且 $Z(G) = \Phi(G)$.

证明　(1)$\Rightarrow$(2). 在 G 中任取二元素 a,b 使 $\langle a,b \rangle \neq 1$. 令 $H = \langle a,b \rangle$,则 H 非交换,因而可得 $H = G$ 且 $d(G) = 2$. 设 A 和 B 为群 G 的任意两个互异的极大子群,由假设可知 A 和 B 是交换子群,因此 $A \bigcap B = Z(G)$ 且 $|G:A \bigcap B| = p^2$,由引理 5.1.1,$|G| = p|G'||Z(G)|$,故有 $|G'| = p$,(2)式成立.

(2)$\Rightarrow$(3). 由题设知 G' 为 G 的 p 阶正规子群,故有 $G' \leqslant Z(G)$. 而由换位子公式可得对任意的 $x,y \in G$ 都有 $[x^p,y] = [x,y]^p = 1$,于是 $\mho_1(G) \leqslant Z(G)$. 进而可得 $\Phi(G) = \mho_1(G)G' \leqslant Z(G)$. 若 $\Phi(G) < Z(G)$,由 $d(G) = 2$ 及 $\left|\dfrac{G}{Z(G)}\right| = p$ 可得 G 交换,与 G 是内交换群矛盾. 故(3)成立.

(3)$\Rightarrow$(1). 由 $Z(G) = \Phi(G)$ 可得,对任意的极大子群 M,都有 $M \geqslant \Phi(G) = Z(G)$,故 M 交换,即(1)成立.

□

下面将给出内交换群的分类,该结论是由 Rédei 在 1947 年提出的.

定理 5.1.3[2]　设 G 为内交换 p 群,则 G 是下列群之一:

(1)Q_8;

（2）$M_{n,m,p}=\langle a,b\,|\,a^{p^n}=b^{p^m}=1,a^b=a^{1+p^{n-1}}\rangle$，$n\geqslant2,m\geqslant1$（亚循环情形）；

（3）$M_{n,m,p}=\langle a,b,c\,|\,a^{p^n}=b^{p^m}=c^p=1,[a,b]=c,[c,a]=[c,b]=1\rangle$，$m,n\geqslant1$（非亚循环情形）.

上述群的表现中，不同参数给出的群之间互不同构，但有一个例外，即有参数 $p=2,m=1,n=2$ 的（2）型群和有参数 $p=2$，$m=n=1$ 的（3）型群同构，它们都给出 8 阶二面体群 D_8.

证明　易知 p^3 阶非交换群已包含在上述群列中，故下面设 $|G|>p^3$. 由定理 5.1.2 可得 $d(G)=2,|G'|=p$. 取 $a,b\in G$ 使 $\bar{G}=\dfrac{G}{G'}=\langle\bar a\rangle\times\langle\bar b\rangle$ 并且使得 $o(a)o(b)$ 最小. 不妨设 $o(a)=p^n$，$o(b)=p^m$，其中 $n\geqslant m$，则可断言 $\langle a\rangle\bigcap\langle b\rangle=1$.

由于 $G'\leqslant Z(G)$，由换位子公式可得，对任意的 $x,y\in G$ 都有

$$\begin{cases}(xy)^p=x^py^p\,,p>2\\(xy)^2=x^2y^2[x,y]\,,p>2\end{cases}\qquad(*)$$

设 $\langle a\rangle\bigcap\langle b\rangle=\langle d\rangle\neq1$，且 $o(d)=p^k>1$. 不失一般性，设 $a^{p^{n-k}}=d$，$b^{p^{m-k}}=d$，则有 $a^{p^{n-k}}=b^{p^{m-k}}$. 又由 $(*)$ 式可得 $(a^{p^{n-m}}b^{-1})^{p^{m-k}}=1$，除非 $p=2$，且 $n=m=2,k=1$. 而此时有 $|G|=2^3$，与假设 $|G|>p^3$ 矛盾. 又因为 $b'=a^{p^{n-m}}b^{-1}$ 和 $a\,(\mathrm{mod}\,G')$ 仍是 $\bar{G}$ 的基底，但 $o(a)o(b')<o(a)o(b)$，与 a,b 的选取矛盾，因此可得 $\langle a\rangle\bigcap\langle b\rangle=1$.

令 $\langle a,b\rangle=c$，则可得 $G'=\langle c\rangle$，下面分两种情形：

（i）设 G' 不是 $\langle a\rangle$ 的子群且也不是 $\langle b\rangle$ 的子群. 考虑 $\dfrac{G}{G'}$，因 $\langle\bar a\rangle$ $\bigcap\langle\bar b\rangle=\bar1$，则 $|G|=p^{n+m+1}$，此时易得 G 为群（3），且 $\exp(G)=p^n$，故 n 和 m 都为 G 的不变量.

（ii）设 G' 为 $\langle a\rangle$ 或 $\langle b\rangle$ 的子群，不妨设 $G'\leqslant\langle a\rangle$，$\langle a\rangle$ 是 G 的循环正规子群，而 G 是亚循环群. 设 $a^b=a^i$，因为 $b^p\in Z(G),a=a^{b^p}=a^{i^p}$，于是 $i^p=1(\mathrm{mod}\,p^n)$. 故可设 $i=1+p^sp^{n-1}$，其中 p 不整除 s. 设 l 满足 $sl=1(\mathrm{mod}\,p)$. 用 b^l 代替 b 可得群（2）. 如果 $n>m,G'\leqslant\langle a\rangle$. 同理可得 G 为下列形式：

$$G=\langle a,b\,|\,a^{p^m}=b^{p^n}=1,a^b=a^{1+p^{m-1}}\rangle. \qquad (**)$$

此时只须把 m,n 交换位置, 即为群(2). 因此在群(2)中不假定 $n\geqslant m$. 又由于 $G'\leqslant\langle a\rangle$, 故有 $n\geqslant 2$.

下面证明群(ii)中不同的参数值对应的群是互不同构的. 由 $|G|=p^{n+m}$ 及 $(*)$ 式和 $n\geqslant 2$ 易验证 $\exp(G)=p^{\max(n,m)}$, 若有与群(2)同构但参数不同的群, 其对应关系一定为 $(**)$. 而在群(2)中有阶为 $\exp(G)$ 的循环正规子群, 但在群 $(**)$ 中没有.

最后来证明(1)～(3)型群之间是互不同构的. 显然(1)型群不与(2)型群和(3)型群同构. 又易知, (2)型群 $M_{2,1,2}$ 和(3)型群 $N_{1,1,2}$ 都是8阶二面体群, 故它们是同构的. 其次, 除了群 $N_{1,1,2}$ 外, (3)型群都满足 $\Omega_1(G)=C_2^3$, 而(2)型群中有 $\Omega_1(G)=C_2^2$, 故可得(2)型群和(3)型群之间没有互相同构的群.

$\square$

推论 5.1.1 设 G 为极小非交换 p 群, 则 G 是下列群之一:

(1) p^3 阶非交换群;

(2) $\langle a,b\,|\,a^{p^n}=b^p=1,a^b=a^{1+p^{n-1}}\rangle,n\geqslant 3$ (亚循环情形).

证明 在定理 5.1.3 中的群中找出中心循环的群即可.

$\square$

§5.2 极小非 p 交换 p 群的性质

定理 5.2.1 设 G 为极小非 p 交换群, 且 $\exp G=p^e$. 则 G 有以下性质:

(1) $d(G)=2$;

(2) 对任意的 $1\leqslant s<e$ 和 $a,b\in G$, 有 $[a^{p^s},b]=[a,b^{p^s}]=[a,b]^{p^s}$;

(3) 对任意的 G, 有 $\Omega_s(G)=\Lambda_s(G),\mho_s(G)=V_s(G)$ 且 $|G/\Omega_s(G)|=|\mho_s(G)|$;

(4) $\zeta(G)=\Phi(G)$;

(5) $\delta(G)$ 为 G 的唯一的极小正规子群, 于是 $Z(G)$ 循环;

(6) $\mho_2(G')=1$，进而有 $\mho_2(G)\leqslant Z(G)$；

(7) G 是 p^2 交换的.

证明　(1)若 $d(G)>2$，则由 p 交换定义及 G 的极小性知 G 本身 p 交换，与题设矛盾.

(2)对任意的 $a,b\in G$，都有 $\langle a,b^{-1}ab\rangle=\langle a,[a,b]\rangle<G$，由 G 的极小性可得 $\langle a,b^{-1}ab\rangle$ 是 p 交换的. 从而对任意的 $1\leqslant s\leqslant e$，都有
$$[a^{p^s},b]=a^{-p^s}b^{-1}a^{p^s}b=a^{-p^s}(b^{-1}ab)^{p^s}=(a^{-1}b^{-1}ab)^{p^s}=[a,b]^{p^s}.$$
同理可证 $[a,b^{p^s}]=[a,b]^{p^s}$. 从而 $[a^{p^s},b]=[a,b^{p^s}]=[a,b]^{p^s}$.

(3)若 G 正则，由定理 4.6.5 直接可证得结论成立. 若 G 非正则，则 G 为极小非正则群，由定理 4.7.2 也可知该结论成立.

(4)首先证 $\zeta(G)\leqslant\Phi(G)$. 若存在 $1\neq x\in\zeta(G)$ 且 $x\notin\Phi(G)$，由 $d(G)=2$ 可知存在 $y\in G$，使得 $G=\langle x,y\rangle$. 而由定义 4.3.9 知，G 是 p 交换的，与题设矛盾，从而 $\zeta(G)\leqslant\Phi(G)$. 下面证 $\Phi(G)\leqslant\zeta(G)$. 对任意的 $a\in\Phi(G)$，$b\in G$，有 $\langle a,b\rangle<G$，因而 a,b 是 p 交换的. 又由 b 的任意性可得 $a\in\zeta(G)$，从而 $\Phi(G)\leqslant\zeta(G)$. 故有 $\zeta(G)=\Phi(G)$.

(5)设 N 为 G 的极小正规子群，由 G 的极小性得 $\dfrac{G}{N}$ 是 p 交换的. 由命题 4.3.3 有 $\delta(G)\leqslant N$. 又因为 G 非 p 交换，所以 $\delta(G)\neq 1$. 且由 N 为 G 的极小正规子群可得 $|N|=p$，故可得 $\delta(G)=N$. 又由 N 的任意性可得 G 的极小正规子群唯一，从而 $Z(G)$ 的 p 阶子群唯一，由定理 4.1.4 知 $Z(G)$ 为循环群或为广义四元素群. 又 $Z(G)$ 交换，从而 $Z(G)$ 为循环群.

(6) 设 $G=\langle a,b\rangle$，其中 a,b 非 p 交换，则 $G'=\langle[a,b]^g\mid g\in G\rangle$. 下面证 $[a,b]^{p^2}=1$. 设 $H=\langle a^p,b\rangle$，$H<G$. 由 G 的极小性得 H 是 p 交换的，又由引理 4.4.1 可知 $\mho_1(H)\leqslant Z(H)$，从而 $[b^p,a^p]=1$. 由(2)知 $[b^p,a^p]=[b,a]^{p^2}$，即有 $\langle a,b\rangle^{p^2}=1$. 又因为 G' 是 p 交换的，从而 $\mho_2(G')=1$. 对任意的 $x,y\in G$，由(2)有 $[x^{p^2},y]=[x,y]^{p^2}$，从而有 $[x^{p^2},y]=1$，$x^{p^2}\in Z(G)$. 由 x 的任意性可得 $\mho_2(G)\leqslant Z(G)$.

(7)由(5)可得 $|\delta(G)|=p$,故对于任意的 $x,y\in G$,都有 $[x,y]_p^p=1$,由 p 换位子的定义有 $[x,y]_p^p=(y^{-p}x^{-p}(xy)^p)^p$. 又 $\mho_1(G)<G$,从而 $\mho_1(G)$ 是 p 交换的,即得 $[x,y]_p^p=(y^{-p}x^{-p}(xy)^p)^p=y^{-p^2}x^{-p^2}(xy)^{p^2}=1$,故有 $(xy)^{p^2}=x^{p^2}y^{p^2}$. 由 x,y 的任意性即得 G 是 p^2 交换的.

□

定理 5.2.2 设 G 为群,则 G 为极小非 p 交换群当且仅当下列条件成立:

(1) $d(G)=2$;

(2) $\zeta(G)=\Phi(G)$;

(3) $\delta(G)$ 为 G 的唯一的极小正规子群.

证明 必要性由定理 5.2.1 即可得.

下面证充分性. 由 $\delta(G)\neq 1$ 可得 G 非 p 交换,故只须证 G 的所有真子集和真商群都是 p 交换群即可. 对 G 的任意极大子群 M,因为 $\zeta(G)=\Phi(G)$,所以 $\zeta(G)<M$. 又由 $d(G)=2$ 可得 $|G/\Phi(G)|=p^2$,因而有 $|M:\zeta(G)|=|M:\Phi(G)|=p$. 故可设 $M=\langle x,\zeta(G)\rangle$,其中 $x\in G\backslash\zeta(G)$. 由定义 4.3.9 可得 M 是 p 交换的,又由 M 的任意性得 G 为内 p 交换群. 由 $\delta(G)$ 为 G 的唯一的极小正规子群可知,$\delta(G)$ 包含于 G 的任一非平凡的正规子群中. 故欲证 G 的所有真商群 p 交换,只须证 $\dfrac{G}{\delta(G)}$ 是 p 交换群即可. 由命题 4.3.3 可知 $\dfrac{G}{\delta(G)}$ 是 p 交换的,从而 G 的所有真商群也都是 p 交换的,结论得证.

□

定理 5.2.3 极小非 3 交换 3 群是亚交换群.

证明 若 G 正则,则 G 为二元生成的正则 3 群,由定理 4.6.4 知 G' 循环,故 $G''=1$,从而 G 是亚交换群. 故可设 G 非正则,则 G 为极小非正则 3 群,由定理 4.7.1 有 $c(G)=3$,即 $G_4=1$. 又 $G''\leqslant G_4=1$,$G''=1$,故 G 亚交换. 结论得证.

□

引理 5.2.1　设 G 为正则的极小非 3 交换 3 群，则 G' 为 3^2 阶循环群.

证明　设 G 为正则的极小非 3 交换 3 群，由定理 5.2.1 中的 (1) 有 $d(G)=2$，即 G 为二元生成的正则 3 群，进一步分析可知 G' 循环．又由定理 5.2.1 中的 (6) 有 $\mho_2(G')=1$．设 $G'=\langle c\rangle$，则有 $o(c)\leqslant 3^2$．由 G 非 3 交换可得 $G'\neq 1$．若 $o(c)=3^2$，即 G' 为 3 阶循环群，由定理 4.6.1 和定理 4.6.2 知 G 为 3 交换群，与题设矛盾．故必有 $o(c)=3^2$.

$\square$

引理 5.2.2　设 G 为极小非 3 交换 3 群，则 G 非亚循环，则 $\omega(G)=3$.

证明　设 G 为满足条件的群，由定理 4.2.4 可得 $\omega(G)\geqslant 3$，即 $\left|\dfrac{G}{\mho_1(G)}\right|\geqslant 3^3$．又 $d\left(\dfrac{G}{\mho_1(G)}\right)=2$，且 $\exp\left(\dfrac{G}{\mho_1(G)}\right)=3$，由定理 4.1.7 得 $\left|\dfrac{G}{\mho_1(G)}\right|\leqslant 3^3$，从而 $\left|\dfrac{G}{\mho_1(G)}\right|=3^3$．因此 $\omega(G)=3$.

$\square$

定理 5.2.4　设 G 为正则 p 群，且 $\exp(G)=P^e$，则

(1) 若 $\mho_1(G)\leqslant Z(G)$，则 G 是 p 交换群；

(2) 若 $\mho_1(G)$ 循环，则 G 是 p 交换群.

证明　(1) 对任意的 $H\leqslant G$ 和任意的 $N\lhd G$，都有
$$\mho_1(H)\leqslant\mho_1(G)\bigcap H\leqslant Z(G)\bigcap H\leqslant Z(H),$$
$$\mho_1(G/N)\leqslant\mho_1(G)N/N\leqslant Z(G)N/N\leqslant Z(G/N),$$
故题设条件对子群和商群是遗传的，因而可设 G 为极小阶反例，即 G 为极小非 p 交换群．由定理 5.2.1 中的 (1) 有 $d(G)=2$．设 $G=\langle a,b\rangle$，a,b 非 p 交换，则 $G'=\langle[a,b]^g\mid g\in G\rangle$．由 $\mho_1(G)\leqslant Z(G)$ 可得 $[a^p,b]=1$．由定理 5.2.1 中的 (2) 有 $[a,b]^p=[a^p,b]=1$．又由 G 的极小性可得 G' 是 p 交换的，从而 $\mho_1(G')=1$．又 G 正则，由定理 4.6.1 可得 G 是 p 交换的，与假设矛盾，故 G 是 p 交换群.

(2) 题设条件显然对子群和商群是遗传的，故可设 G 为极小

阶反例，即 G 为极小非 p 交换群，由定理 5.2.1 中的(1)有 $d(G)=2$. 设 $G=\langle a,b\rangle$，其中 a,b 非 p 交换，$G'=\langle[a,b]^g\mid g\in G\rangle$. 我们不妨设 $o(a)\geqslant o(b)$，若 $o(b)=p$，则 $[a,b^p]=1$. 又由定理 5.2.1 中的(2)可得 $[a,b]^p=[a,b^p]=1$. 若 $o(b)\geqslant p^2$，由 $\mho_1(G)$ 循环可得 $b^p=a^{ip}$，其中 i 为非负整数. 故仍有 $[a,b]^p=[a,b^p]=1$. 又由 G 的极小性可得 G' 是 p 交换的，从而 $\mho_1(G')=1$. 又 G 正则，由定理 4.6.1 可得 G 是 p 交换的，与假设矛盾. 故 G 是 p 交换群.

$\square$

§5.3 正则极小非 3 交换 3 群的分类

在下面两节中将给出极小非 3 交换 3 群的完全分类，分正则和非正则两种情形.

定理 5.3.1 设 G 为有限正则 3 群，且 $\exp G=3^e$，若 G 为亚循环群，则 G 为极小非 3 交换 3 群当且仅当 G 是下列互不同构群之一：

(1)G 为 $\langle a\rangle$ 与 $\langle b\rangle$ 的半直积，其中 $o(a)=3^{t+4}$，$o(b)=3^2$，t 为非负整数；

(2)$G=\langle a,b,c\mid a^{3^3}=1,b^{3^{2+t}}=a^{3^2},b^{-1}ab=a^{1+3}\rangle$，$t$ 为非负整数.

证明 设 G 为极小非 3 交换 3 群，由定理 5.2.3 知 G 为亚交换群，即 G 为亚交换的极小非 3 交换 3 群，由定理 4.5.5 得 $c(G)\leqslant 3$. 又由引理 5.2.1 可得 G' 为 3^2 阶循环群，故可设 $G'=\langle c\rangle$，且 $o(c)=3^2$.

因为 G 为亚循环群，由定理 4.2.2 可得

$$G=\langle a,b\mid a^{3^{r+s+u}}=1,b^{3^{r+s+t}}=a^{3^{r+s}},b^{-1}ab=a^{1+3^r}\rangle,$$

其中 s,t,u,r 为非负整数，且 $r\geqslant 1$，$u\leqslant r$. 此时 $G'=\langle a^{3^r}\rangle=\langle c\rangle$，故有 $o(a^{3^r})=3^{s+u}=3^2$，由此得 $s+u=2$. 由定理 5.2.1 中的(6)有 $\mho_2(G)\leqslant Z(G)$，从而 $\langle a^{3^2}\rangle\langle b^{3^2}\rangle\leqslant Z(G)$. 又由定理 5.2.1 中的(5)

知 $Z(G)$ 循环, 故有 $\langle a^{3^2}\rangle \leqslant \langle b^{3^2}\rangle$ 或 $\langle b^{3^2}\rangle \leqslant \langle a^{3^2}\rangle$.

当 $\langle a^{3^2}\rangle \leqslant \langle b^{3^2}\rangle$ 时有 $a^{3^2} \in \langle a\rangle \bigcap \langle b\rangle = \langle a^{3^{r+s}}\rangle$, 所以 $3^{r+s} \leqslant 3^2$, 即

$$r+s \leqslant 2;$$

当 $\langle b^{3^2}\rangle \leqslant \langle a^{3^2}\rangle$ 时有 $b^{3^2} \in \langle a\rangle \bigcap \langle b\rangle = \langle b^{3^{r+s+t}}\rangle$, 所以 $3^{r+s+t} \leqslant 3^2$, 即

$$r+s+t \leqslant 2.$$

综合以上两式可得 $r+s \leqslant 2$.

综上可得 s,t,u,r 必须满足关系式 $s+u=2, r+s \leqslant 2, r \geqslant 1$, $u \leqslant r$, 从而可得 (r,s,u,t) 只有两种取值: $(2,0,2,t)$ 与 $(1,1,1,t)$, 其中 t 为非负整数. 此时对应的群分别为

$$G = \langle a_1, b_1 \mid a_1^{3^4}=1, b_1^{3^{2+t}}=a_1^{3^2}, b_1^{-1}a_1b_1 = a_1^{1+3^2}\rangle, \qquad (1)$$

$$G = \langle a, b \mid a^{3^3}=1, b^{3^{2+t}}=a^{3^2}, b^{-1}ab = a^{1+3}\rangle. \qquad (2)$$

由例 4.2.1 知, 群(1)是可裂的. 在群(1)中, 由 $b_1^{a_1}=b_1^{1-3^{2+t}}$ 可知 $\langle b_1\rangle \trianglelefteq G$. 设 $G = \langle b_1, a_1 b_1^{-3^t}\rangle$, $(a_1 b_1^{-3^t})^{3^2} = a_1^{3^2} b_1^{-3^{t+2}} = 1$ 且 $o(a_1 b_1^{-3^t}) \neq 3$, 从而得 $o(a_1 b_1^{-3^t}) = 3^2$, 故我们有 $\langle b_1\rangle \bigcap \langle a_1 b_1^{-3^t}\rangle = 1$. 令 $a = b_1, b = a_1 b_1^{-3^t}$, 于是群(1)可写为 $\langle a\rangle$ 与 $\langle b\rangle$ 的半直积, 其中 $o(a)=3^{t+4}, o(b)=3^2$, t 为非负整数.

易知群(1)(2)不同构, 且在(1)(2)中都有 $\mho_1(G') \neq 1$ 成立, 由定理 4.4.2 可知群(1)(2)都是非 3 交换群. 故下面只须证群(1)(2)的所有真商群和真子群都是 3 交换的即可. 在群(1)(2)中, $Z(G) = \langle b^{3^2}\rangle$, 即群(1)(2)的中心都为循环群, 故群(1)(2)的极小正规子群都是唯一的. 在群(1)中, 因为

$$\left[\frac{G}{\langle b^{3^{t+3}}\rangle}\right]' = \frac{G'}{\langle b^{3^{t+3}}\rangle} = \frac{\langle a^{3^2}\rangle}{\langle b^{3^{t+3}}\rangle} = \frac{\langle b^{3^{t+2}}\rangle}{\langle b^{3^{t+3}}\rangle},$$

即 $\left[\dfrac{G}{\langle b^{3^{t+3}}\rangle}\right]'$ 是 3 阶循环群, 由定理 4.6.1 和定理 4.6.2 得 $\left[\dfrac{G}{\langle b^{3^{t+3}}\rangle}\right]$ 是 3 交换群. 故群(1)的所有真商群都是 3 交换的. 下面证群(1)的极大子群都是 3 交换群. 群(1)中的极大子群分别为 $M_1 = \langle a, b^3\rangle, M_2 = \langle b, a^3\rangle, M_3 = \langle ab, a^3, b^3\rangle, M_4 = \langle ab^{-1}, a^3, b^3\rangle$.

计算知它们的导群都是 $\langle a^{3^3} \rangle$，均为 3 阶循环群.同上可得群(1)的极大子群都是 3 交换的.从而得证群(1)是极小非 3 交换群，群(2)同理可证是极小非 3 交换群.

由计算可知，群(1)的导群为 $\langle a^{3^2} \rangle$，群(2)的导群为 $\langle a^3 \rangle$，故群(1)(2)的导群均为循环群，且 $p=3>2$，由定理 4.6.3 知群(1)(2)均为正则的.

$\square$

定理 5.3.2 设 G 为有限正则 3 群，$\exp G = 3^e$，且 G 为非亚循环群.若 G 为极小非 3 交换 3 群，则 G 为下列群之一：

(1) $G = \langle a,b,c \mid a^9 = b^9 = c^9 = 1, [a,b] = c, [c,a] = [c,b] = 1 \rangle$；

(2) $G = \langle a,b,c \mid a^9 = b^9 = c^9 = 1, [a,b] = c, [c,a] = c^3, [c,b] = 1 \rangle$；

(3) $G = \langle a,b,c \mid a^{3^3} = b^{3^2} = 1, c^3 = a^{3^2}, [a,b] = c, [c,a] = [c,b] = 1 \rangle$；

(4) $G = \langle a,b,c \mid a^{3^3} = b^{3^2} = 1, c^3 = a^{3^2}, [a,b] = c, [c,a] = c^3, [c,b] = 1 \rangle$；

(5) $G = \langle a,b,c \mid a^{3^3} = b^{3^2} = 1, c^3 = a^{3^2}, [a,b] = c, [c,a] = 1, [c,b] = c^3 \rangle$；

(6) $G = \langle a,b,c \mid a^{3^3} = b^{3^2} = 1, c^3 = a^{-3^2}, [a,b] = c, [c,a] = 1, [c,b] = c^3 \rangle$.

证明 设 G 为满足条件的群，容易证得 G 为亚交换的极小非 3 交换 3 群，$c(G) \leqslant 3$.又由定理 5.2.4 可得 G' 为 3^2 阶循环群，设 $G' = \langle c \rangle$，且 $o(c) = 3^2$.因为 G 为非亚循环群，则可得 $\omega(G) = 3$.作 G 的 L-群列

$$G > L > \Phi(G) > \mho_1(G)，$$

取 $a \in G \backslash L, b \in L \backslash \Phi(G), d \in \Phi(G) \backslash \mho_1(G)$，且分别为 $G \backslash L$，$L \backslash \Phi(G), \Phi(G) \backslash \mho_1(G)$ 中的任一最小阶元素.由定理 4.6.8 知 (a,b,d) 是 G 的一组唯一性基底，设其型不变量为 (n,m,r)，则 $o(a) = 3^n, o(b) = 3^m, o(d) = 3^r$.

设 $G = \langle a,b \rangle, c = \langle a,b \rangle$.由定理 5.2.1 知 $c^{3^n} = [a,b]^{3^n} = [a^{3^n}, b] = 1$，而 $o(c) = 3^2$，因而 $n \geqslant 2$，同理可证 $m \geqslant 2$.下面证 $m = 2$.因为 G 是极小非 3 交换群，由定理 5.2.1 知 G 是 3^2 交换的，因此 $\mho_2(G) = \langle a^9, b^9 \rangle$.由 $\mho_2(G) \leqslant Z(G)$ 可得 $\mho_2(G) = \langle a^9 \rangle \langle b^9 \rangle$，又由 a,b 的取法知 $\langle a \rangle \bigcap \langle b \rangle = 1$，故有 $\mho_2(G) = \langle a^9 \rangle \times \langle b^9 \rangle$.因为

$\mho_2(G)$ 循环，且由型不变量的定义可知 $m \leqslant n$，从而必有 $b^9 = 1$，即 $m \leqslant 2$，从而 $m = 2$.

由以上讨论得：$n \geqslant 2, m = 2$. 又由 G 非亚循环，故 $c \notin \langle a \rangle$ 且 $c \notin \langle b \rangle$. 下面再分 $n = 2$ 和 $n > 2$ 两种情况讨论.

情形 1：$n = 2$.

我们有 $\langle a \rangle \bigcap \langle c \rangle = 1$ 且 $\langle b \rangle \bigcap \langle c \rangle = 1$ 成立. 若 $c^3 \in \langle a \rangle$，则有 $c^3 = a^{\pm 3}$. 又由 $c(G) \leqslant 3$ 可知 $c^3 \in Z(G)$，从而 $1 = \langle c^3, b \rangle = \langle a^{\pm 3}, b \rangle = \langle a^{\pm 1}, b \rangle^3$，而 $\langle a^{\pm 1}, b \rangle^3 \neq 1$，矛盾，故 $c^3 \notin \langle a \rangle$. 由于 $n = 2$，故 $c^3 \notin \langle a \rangle \Leftrightarrow a^3 \notin \langle c \rangle \Leftrightarrow c^3 \notin a^{\pm 3}$，从而 $\langle a \rangle \bigcap \langle c \rangle = 1$，又由 $m = 2$，同理可证得 $\langle b \rangle \bigcap \langle c \rangle = 1$.

下面证 G 的型不变量为 $(2, 2, 2)$. 令 $H = \langle b, c \rangle = \langle b \rangle \langle c \rangle$，则 $H \lhd G$，$|G| = \dfrac{|\langle a \rangle||H|}{|\langle a \rangle \bigcap H|}$. 若 $|\langle a \rangle \bigcap H| \neq 1$，则有 $a^3 \in H = \langle b \rangle \langle c \rangle$. 又由 $c^3 \in Z(G)$ 可得 $\Omega_1(H) = \langle b^3 \rangle \times \langle c^3 \rangle$，故 $a^3 \in \langle b^3 \rangle \times \langle c^3 \rangle$. 因为 $\langle a \rangle \bigcap \langle c \rangle = 1$，且由 a, b 的取法知 $\langle a \rangle \bigcap \langle b \rangle = 1$，因此 $a^3 = b^{\pm 3} c^{\pm 3}$，令 $a_1 = ac^{\mp 1}$，由定理 4.6.8 知 a_1, b, d 还是 G 的一组唯一性基底，但此时 $\langle a, c \rangle < G$，从而 $\langle a, c \rangle$ 是 p 交换子群，故有 $a_1^3 = (ac^{\mp 1})^3 = a^3 c^{\mp 3} = b^{\pm 3}$，与 $\langle a_1 \rangle \bigcap \langle b \rangle = 1$ 矛盾，于是 $|\langle a \rangle \bigcap H| = 1$. 从而 $|G| = |\langle a \rangle||H| = |\langle a \rangle||\langle b \rangle||\langle c \rangle| = 3^{n+m+2}$，因此 $r = 2$，又 $n = 2, m = 2$，故此时 G 的型不变量为 $(2, 2, 2)$.

由于 $c(G) \leqslant 3$，下面分 $c(G) = 2$ 和 $c(G) = 3$ 两种情形讨论.

(a) 若 $c(G) = 2$ 时，群为

$$G = \langle a, b, c \mid a^9 = b^9 = c^9 = 1, [a, b] = c, [c, a] = [c, b] = 1 \rangle. \quad (3)$$

(b) 若 $c(G) = 3$ 时，断言 $[c, a] = 1$ 或 $[c, b] = 1$. 若否，设 $[c, a] \neq 1$ 且 $[c, b] \neq 1$. 由 $[c, a] \in Z(G)$，$[c, b] \in Z(G)$，可得 $[c, ab^i] = [c, a][c, b^i] = [c, a][c, b]^i$. 又因 $[c, a] \in \langle c^3 \rangle$，$[c, b] \in \langle c^3 \rangle$，故必存在 i 使得 $[c, ab^i] = 1$. 由定理 5.2.1 中的 (7) 知 G 是 3^2 交换，从而有 $(ab^i)^{3^2} = a^{3^2}(b^i)^{3^2} = 1$，$o(ab^i) \leqslant o(a)$. 又由 $ab^i \in G \backslash L$，令 $a_1 = ab^i$，则 a_1, b, d 还是 G 的一组唯一性基底，且此时有 $[c, a_1] = 1$ 成立，矛盾.

若 $[c,a]=1$ 且 $[c,b]=1$，与 $c(G)=3$ 矛盾．故 $[c,a]=1$ 或 $[c,b]=1$．

(i) 若 $[c,b]=1$，则 $[c,a]=c^3$ 或 $[c,a]=c^{-3}$．

当 $[c,a]=c^3$ 时，群为
$$G=\langle a,b,c\,|\,a^9=b^9=c^9=1,[a,b]=c,[c,a]=c^3,[c,b]=1\rangle \tag{4}$$

当 $[c,a]=c^{-3}$ 时，令 $a_1=a^{-1}$，$c_1=c^{-1-3}$，则 $o(a_1)=9$，$o(c_1)=9$，
$$[a_1,b]=ab^{-1}a^{-1}b=a[b,a]a^{-1}=ac^{-1}a^{-1}$$
$$=ac^{-3}a^{-1}c^{-1}=c^{-1-3}=c_1,$$

$[c_1,a_1]=[c^{-1-3},a^{-1}]=[c^{-1},a^{-1}]=c^{-3}=c_1^3$，$[c_1,b]=[c^{-1-3},b]=1$，此时该群与群(4)同构．

(ii) 若 $[c,a]=1$，则 $[c,b]=c^3$ 或 $[c,b]=c^{-3}$．

当 $[c,b]=c^3$ 时，令 $a_1=b$，$b_1=a$，$c_1=c^{-1}$，则 $o(a_1)=o(b_1)=o(c_1)=9$，$[a_1,b_1]=[b,a]=c^{-1}=c_1$，$[c_1,a_1]=[c^{-1},b]=cb^{-1}c^{-1}b=c[b,c]c^{-1}=cc^{-3}c^{-1}=c^{-3}=c_1^3$，$[c_1,b_1]=[c^{-1},a]=1$．此时该群与群(4)同构．

当 $[c,b]=c^{-3}$ 时，令 $a_1=b^{-1}$，$b_1=a$，$c_1=cc^3$，则 $o(a_1)=o(b_1)=o(c_1)=9$，$[a_1,b_1]=[b^{-1},a]=b[a,b]b^{-1}=bcb^{-1}=cbc^3b^{-1}=cc^3=c_1$，$[c_1,a_1]=[c,b^{-1}]=c^{-1}bcb^{-1}=b[b,c]b^{-1}=bc^3b^{-1}=c^3=c_1^3$，$[c_1,b_1]=1$．此时该群与群(4)同构．

情形 2：$n\geqslant 3$．

由定理 $5.2.1$ 中的(6)知，此时 $\mho_2(G)\leqslant Z(G)$，从而有 $\langle a^{3^2},c^3\rangle\leqslant Z(G)$．又由定理 $5.2.1$ 中的(5)知 $Z(G)$ 循环，故可得 $\langle a^{3^2},c^3\rangle=\langle a^{3^2}\rangle$．从而 $c^3\in\langle a^{3^2}\rangle\leqslant\langle a\rangle$，即有 $c^3\in\langle a\rangle$．故 $c^3=a^{\pm 3^{n-1}}$．又由 $\langle a\rangle\bigcap\langle b\rangle=1$ 可得 $c^3\notin\langle b\rangle$，从而 $\langle c\rangle\bigcap\langle b\rangle=1$．
$$|G|=\frac{|\langle a\rangle||\langle bc\rangle|}{|\langle a\rangle\bigcap\langle b,c\rangle|}\leqslant\frac{|\langle a\rangle||\langle b\rangle||\langle c\rangle|}{|\langle a^{3^{n-1}}\rangle|}=3^{n+m+1},$$

从而 $r=1$．故 G 的型不变量为 $(n,2,1)$．

(a) 当 $c(G)=2$ 时，$\langle a^9\rangle\langle c\rangle\leqslant Z(G)$，由 $c\notin\langle a\rangle$ 且 $Z(G)$ 循环可得 $a^9=c^{\pm 3}$，从而 $n\leqslant 3$，故 $n=3$．此时 G 的型不变量为

$(3,2,1)$. 当 $a^9 = c^3$ 时,群为

$$G = \langle a,b,c \mid a^{3^3} = b^{3^2} = 1, c^3 = a^{3^2}, \langle a,b \rangle = c, \langle c,a \rangle = \langle c,b \rangle = 1 \rangle$$

(5)

当 $a^9 = c^{-3}$ 时,令 $b_1 = b^{-1}c, c_1 = c^{-1}$,则 $o(b_1) = 3^2, c_1^3 = c^{-3} = a^{3^2}$, $[a,b_1] = [a,b^{-1}c] = [a,c][a,b^{-1}]^c = [a,b^{-1}]^c = c^{-1} = c_1$, $[c_1,a] = [c^{-1},a] = 1, [c_1,b_1] = [c^{-1},b^{-1}c] = 1$,此时该群与群(5)同构.

(b)当 $c(G) = 3$ 时,我们断言必有 $[c,a] = 1$ 或 $[c,b] = 1$. 若否,不妨设 $[c,a] \neq 1$ 且 $[c,b] \neq 1$. 由 $[c,a] \in Z(G), [c,b] \in Z(G)$ 可得

$$[c,ab^i] = [c,a][c,b^i] = [c,a][c,b]^i.$$

又因为 $[c,a] \in \langle c^3 \rangle, [c,b] \in \langle c^3 \rangle$,故总存在正整数 i 使得 $[c,ab^i] = 1$. 由定理 5.2.1 中的(7)知 G 是 3^2 交换的,进而 G 是 3^n 交换的,故可得 $(ab^i)^{3^n} = a^{3^n}(b^i)^{3^n} = 1$,即得 $o(ab^i) \leqslant o(a)$. 又由 $ab^i \in G \backslash L$,令 $a_1 = ab^i$,则 a_1,b,d 还是 G 的一组唯一性基底,且此时有 $[c,a_1] = 1$ 成立. 矛盾.

若 $[c,a] = 1$ 且 $[c,b] = 1$,此时又与 $c(G) = 3$ 矛盾. 故 $[c,a] = 1$ 或 $[c,b] = 1$.

(i)当 $[c,b] = 1$ 时,则 $[c,a] = c^3$ 或 $[c,a] = c^{-3}$.

当 $[c,a] = c^{-3}$ 时,令 $a_1 = a^{-1}, c_1 = c^{-1}c^{-3}$,则 $[a_1,b] = [a^{-1},b] = c^{-1}c^{-3} = c_1, c_1^3 = c^{-3} = (a^{\pm 3^{n-1}})^{-1} = a_1^{\pm 3^{n-1}}, [c_1,a_1] = [c^{-1},a^{-1}] = c_1^3, [c_1,b] = 1$,此时可转化为 $[c,a] = c^3$ 的情形. 故只须讨论 $[c,a] = c^3$ 情形即可.

当 $[c,a] = c^3$ 时,$c^3 = a^{3^{n-1}}$ 或 $c^3 = a^{-3^{n-1}}$. 当 $c^3 = a^{-3^{n-1}}$ 时,令 $b_1 = b^{-1}c, c_1 = c^{-1}c^{-3}$,则有 $c_1^3 = c^{-3} = a^{3^{n-1}}, o(b_1) = 3^2$, $[a,b_1] = [a,b^{-1}c] = [a,c][a,b^{-1}]^c = c^{-3}b[b,a]b^{-1} = c^{-3}c^{-1} = c_1$, $[c_1,a] = [c^{-1},a] = c^{-3} = c_1^3, [c_1,b_1] = 1$,此时可转化为 $c^3 = a^{3^{n-1}}$ 情形. 故当 $[c,a] = c^3$ 时,只能有 $c^3 = a^{3^{n-1}}$. 此时群 G 为

$$G = \langle a,b,c \mid a^{3^n} = b^{3^2} = 1, c^3 = a^{3^{n-1}}, [a,b] = c, [c,a] = c^3, [c,b] = 1 \rangle.$$

(6)'

下面证 $n=3$. 在群(6)′中，$[c,a]=c^3$，$[c,b]=1$，

$$[a,b^3]=a^{-1}b^{-3}ab^3=(b^a)^{-3}b^3=(b[b,a])^{-3}b^3$$
$$=(bc^{-1})^{-3}b^3=b^{-3}c^3b^3=c^3,$$

$[cb^3,a]=[c,a][b^3,a]=1$，$[cb^3,b]=1$，$cb^3\in Z(G)$，故 $[cb^3,a^9]$ 循环，从而有 $\langle cb^3\rangle\leqslant\langle a^9\rangle$ 或 $\langle a^9\rangle<\langle cb^3\rangle$. 若 $\langle cb^3\rangle\leqslant\langle a^9\rangle$，则 $cb^3=a^{9k}$，$c=a^{9k}b^{-3}$，此时 $G'\leqslant\mho_1(G)$，故 $\Phi(G)=\mho_1(G)$，与 $\omega(G)=3$ 矛盾，从而只能有 $\langle a^9\rangle<\langle cb^3\rangle$，此时 $o(a^9)<o(cb^3)=3^2$，从而 $n\leqslant3$，因此 $n=3$.

综上可得，

$$G=\langle a,b,c\mid a^{3^3}=b^{3^2}=1,c^3=a^{3^2},[a,b]=c,[c,a]=c^3,[c,b]=1\rangle \tag{6}$$

(ii)当 $[c,a]=1$ 时，则 $[c,b]=c^3$ 或 $[c,b]=c^{-3}$.

当 $[c,b]=c^3$ 时，群 G 为

$$G=\langle a,b,c\mid a^{3^n}=b^{3^2}=1,c^3=a^{\pm3^{n-1}},[a,b]=c,[c,a]=1,[c,b]=c^3\rangle \tag{7}'$$

当 $[c,b]=c^{-3}$ 时，令 $a_1=a^{-1}$，$b_1=b^{-1}$，$c_1=cc^3$，则 $o(a_1)=3^n$，$o(b_1)=3^2$，$[a_1,b_1]=[a^{-1},b^{-1}]=c_1$，$c_1^3=a_1^{\pm3^{n-1}}$，$[c_1,a_1]=1$，$[c_1,b_1]=c_1^3$. 此时与群(7)′同构.

下面证在群(7)′中 $n=3$. 在群(7)′中，$[c,a]=1$，$[c,b]=c^3$，

$$[a^3,b]=a^{-3}b^{-1}a^3b=a^{-3}(a^b)^3=a^{-3}(a[a,b])^3=a^{-3}(ac)^3=c^3,$$
$$[ca^{-3},b]=[c,b]^{a^{-3}}[a^{-3},b]=c^3a^3(a^b)^{-3}$$
$$=c^3a^3(a[a,b])^{-3}=c^3a^3(ac)^{-3}=c^3c^{-3}=1,$$
$$[ca^{-3},a]=1,ca^{-3}\in Z(G),$$

故得 $\langle ca^{-3},a^{3^2}\rangle\leqslant Z(G)$. 从而 $\langle ca^{-3},a^{3^2}\rangle$ 循环.

若 $n\neq3$，则 $n-2\geqslant2$，$(ca^{-3})^{3^{n-2}}=a^{-3^{n-1}}\neq1$，而 $(a^{3^2})^{3^{n-2}}=1$，所以 $a^{3^2}\in\langle ca^{-3}\rangle$，从而 $a^{3^2}=(ca^{-3})^{\pm3^k}=c^{\pm3^k}a^{\mp3^{k+1}}$. 若 $k\geqslant2$，则 $c^{\pm3^k}a^{\mp3^{k+1}}=a^{\mp3^{k+1}}\neq a^{3^2}$，故必有 $k\leqslant1$. 若 $k=0$，则有 $c^{\pm3^k}a^{\mp3^{k+1}}=a^{3^2}$，$c^{\pm1}=a^{3^2}a^{\pm3}$，从而 $G'\leqslant\mho_1(G)$，即有 $\Phi(G)=\mho_1(G)$，与 $\omega(G)=3$ 矛盾. 当 $k=1$ 时，有 $c^{\pm3}a^{\mp3^2}=a^{3^2}$，即 $c^3a^{-3^2}=a^{3^2}$ 或 $c^{-3}a^{3^2}=a^{3^2}$. 当 $c^{-3}a^{3^2}=a^{3^2}$ 时，有 $c^{-3}=1$，矛盾；当 $c^3a^{-3^2}=a^{3^2}$ 时，有 $c^3=$

a^{18}，即 $1=c^{3^2}=(a^{18})^3=a^{54}$．又由 a 是 3-元素可得 $a^{27}=1$，从而 $n\leqslant 3$．故 $n=3$．

综上可得，

$$G=\langle a,b,c\mid a^{3^3}=b^{3^2}=1,c^3=a^{3^2},[a,b]=c,[c,a]=1,[c,b]=c^3\rangle,\tag{7}$$

$$G=\langle a,b,c\mid a^{3^3}=b^{3^2}=1,c^3=a^{-3^2},[a,b]=c,[c,a]=1,[c,b]=c^3\rangle.\tag{8}$$

□

定理 5.3.3 设 G 为有限正则 3 群，$\exp G=3^e$，则 G 为极小非 3 交换 3 群当且仅当 G 为下列互不同构的群之一：

(1) $G=\langle a\rangle\lhd\langle b\rangle$，其中 $o(a)=3^{t+4}$，$o(b)=3^2$，t 为非负整数；

(2) $G=\langle a,b,c\mid a^{3^3}=1,b^{3^{2+t}}=a^{3^2},b^{-1}ab=a^{1+3}\rangle$，$t$ 为非负整数；

(3) $G=\langle a,b,c\mid a^9=b^9=c^9=1,[a,b]=c,[c,a]=[c,b]=1\rangle$；

(4) $G=\langle a,b,c\mid a^9=b^9=c^9=1,[a,b]=c,[c,a]=c^3,[c,b]=1\rangle$；

(5) $G=\langle a,b,c\mid a^{3^3}=b^{3^2}=1,c^3=a^{3^2},[a,b]=c,[c,a]=[c,b]=1\rangle$；

(6) $G=\langle a,b,c\mid a^{3^3}=b^{3^2}=1,c^3=a^{3^2},[a,b]=c,[c,a]=c^3,[c,b]=1\rangle$；

(7) $G=\langle a,b,c\mid a^{3^3}=b^{3^2}=1,c^3=a^{3^2},[a,b]=c,[c,a]=1,[c,b]=c^3\rangle$；

(8) $G=\langle a,b,c\mid a^{3^3}=b^{3^2}=1,c^3=a^{-3^2},[a,b]=c,[c,a]=1,[c,b]=c^3\rangle$.

证明 必要性由上述两个定理直接可得．故下面只须证明充分性即可．

首先来证群 (1)～(8) 都互不同构．由定义可知群 (1)(2) 是亚循环群，且由例 4.2.1 知群 (1)(2) 不同构．又由计算可知，在群 (3)～(8) 中都有 $\omega(G)=3>2$ 成立．由定理 4.2.4 可得群 (3)～(8) 互不同构．又因为群 (3)(4) 的型不变量是 $(2,2,2)$，而群 (5)～(8) 的型不变量都是 $(3,2,1)$，故群 (3)(4) 与群 (5)～(8) 不同构．又因为群 (3) 是类 2 的，而群 (4) 是类 3 的，故群 (3) 与 (4) 是不同构的．又因为群 (5) 是类 2 的，而群 (6)～(8) 是类 3 的，故群 (5) 与群 (6)～(8) 也不同构．故下面只须证群 (6)(7) 和 (8) 互不同构即可. 在群(6)中, $C_G(c)=\langle b\rangle\times\langle c\rangle$ 是 3^4 阶子群, 而在群(7)(8)中都有 $C_G(c)=\langle a,c,b^3\rangle$ 为 3^5 阶子群, 故群(6)与群(7)和(8)不同构.

下面证群(7)和群(8)不同构. 假设群(7)和群(8)同构, 且设 φ 为群(7)到群(8)的同构映射, 即

$$\varphi:a_1\to a^ib^jc^k,b_1\to a^{3s}b^tc^r((i,3)=1,(t,3)=1).$$

由 $c\left(\dfrac{G}{\langle c^3\rangle}\right)=2$ 易得, $\bar{c}_1^{\bar\varphi}=[\bar{a}_1,\bar{b}_1]^{\bar\varphi}=[\bar{a}_1^{\bar\varphi},\bar{b}_1^{\bar\varphi}]=\bar{c}_1^{ti}=c^{ti}\bmod\langle c^3\rangle.$

则 $(c_1^3)^{\bar\varphi}=(c_1^{\bar\varphi})^3=c^{3ti}$, $(a_1^{3^2})^{\bar\varphi}=(a_1^{\bar\varphi})^{3^2}=(a^ib^jc^k)^{3^2}=a^{i3^2}=c^{-3i}$, 从而 $c^{3ti}=c^{-3i}$. 即有 $c^{3(t+1)}=1$, 因此 $3\,|\,i(t+1)$. 由 $(i,3)=1$ 可得 $3\,|\,t+1$. 又由 $[c_1,b_1]^{\varphi}=[c^{ti},a^{3s}b^tc^r]=c^{3t^2i}$, $(c_1^3)^{\bar\varphi}=(c_1^{\bar\varphi})^3=c^{3ti}$, 可得 $c^{3t^2i}=c^{3ti}$, $c^{3ti(t-1)}=1$, 从而 $3\,|\,ti(t-1)$, 又由 $(i,3)=1$, $(t,3)=1$, 故有 $3\,|\,t-1$, 与 $3\,|\,t+1$ 矛盾. 故群(7)与群(8)不同构.

下面证群(1)~(8)都是极小非 3 交换群. 在群(1)~(8)中都有 $\mho_1(G')\neq1$ 成立, 由定理 4.4.5 可知群(1)~(8)都是非 3 交换群. 故下面只须证群(1)~(8)的所有真商群和真子群都是 3 交换的即可. 在群(1)(2)中, $Z(G)=\langle b^{3^2}\rangle$, 在群(3)(5)中, $Z(G)=\langle c\rangle$, 在群(4)(6)(7)和(8)中都有 $Z(G)=\langle c^3\rangle$, 即群(1)~(8)的中心均为循环群, 故群(1)~(8)的极小正规子群都是唯一的. 在群(1)中, 因为 $\left[\dfrac{G}{\langle b^{3^{t+3}}\rangle}\right]'=\dfrac{G'}{\langle b^{3^{t+3}}\rangle}=\dfrac{\langle a^3\rangle}{\langle b^{3^{t+3}}\rangle}=\dfrac{\langle b^{3^{t+2}}\rangle}{\langle b^{3^{t+3}}\rangle}$, 即 $\left(\dfrac{G}{\langle b^{3^{t+3}}\rangle}\right)'$

是 3 阶循环群, 由定理 4.6.1 和定理 4.6.2 可得 $\left[\dfrac{G}{\langle b^{3^{t+3}}\rangle}\right]$ 是 3 交换群. 故群(1)的所有真商群都是 3 交换的. 下面证群(1)的极大子群都是 3 交换群. 群(1)中的极大子群分别为 $M_1=\langle a,b^3\rangle$, $M_2=\langle b,a^3\rangle$, $M_3=\langle ab,a^3,b^3\rangle$, $M_4=\langle ab^{-1},a^3,b^3\rangle$. 计算知它们的导群都是 $\langle a^{3^3}\rangle$, 均为 3 阶循环群, 由定理 4.6.1 和定理 4.6.2 可得群(1)的极大子群都是 3 交换的. 从而得证群(1)是极小非 3 交换群, 群(2)~(8)同理可证都是极小非 3 交换群.

可证明群(1)~(8)均正则. 由计算可知, 群(1)的导群为

$\langle a^{3^2} \rangle$，群(2)的导群为$\langle a^3 \rangle$，群(3)～(8)的导群都是$\langle c \rangle$，故群(1)～(8)的导群均为循环群，且 $p=3>2$，由定理 4.6.2 知群(1)～(8)均为正则的.

□

§5.4　极小非 3 交换 3 群的完全分类

定理 5.4.1　设 G 为有限非正则 3 群，$\exp G = 3^e$，若 G 为极小非 3 交换 3 群，则 G 是下列群之一：

(1)$G=\langle a,b,c \mid a^{3^e}=b^3=c^3=1,[a,b]=c,[a,c]=a^{3^{e-1}},[b,c]=1 \rangle$，其中 $e \geqslant 2$；

(2)$G=\langle a,b,c \mid a^{3^e}=c^3=1,b^3=a^3,[a,b]=c,[a,c]=a^{3^{e-1}},[b,c]=1 \rangle$，其中 $e \geqslant 2$；

(3)$G=\langle a,b,c \mid a^{3^e}=c^3=1,b^3=a^{-3},[a,b]=c,[a,c]=a^{3^{e-1}},[b,c]=1 \rangle$，其中 $e \geqslant 2$；

(4)$G=\langle a,b,c \mid a^9=b^3=c^3=1,[a,b]=c,[a,c]=1,[b,c]=a^{-3} \rangle$.

证明　由题设条件知，G 为极小非正则 3 群，由定理 4.7.2 中的(1)知 $d(G)=2$，故可设 $G=\langle a,b \rangle$，其中 $o(a)=3^e$. 由定理 4.7.2 中的(3)可得，$\mho_1(G)=Z(G)=\langle a^3 \rangle$，又由定理 4.7.2 中的(2)知 $\exp G' \leqslant p$ 且 $\dfrac{G}{G'}$ 为 $(3^{e-1},3)$ 型群，因此 $b^3 \in G' \bigcap \mho_1(G) = \langle a^{3^{e-1}} \rangle$，从而有 $o(b)=3$ 或 9. 又由定理 4.7.1 知 $c(G)=3$，故有 $G_3 \leqslant G' \bigcap Z(G) = \langle a^{3^{e-1}} \rangle$，从而有 $G_3 = \langle a^{3^{e-1}} \rangle$.

由于 G 是非 3 交换的，因此 $e \geqslant 2$. 若 $o(b)=9$，则有 $b^3 = a^{s3^{e-1}}$，其中 $(s,3)=1$. 当 $e>2$ 时，令 $b_1 = ba^{-s3^{e-2}}$，则有 $b_1^3 = b^3 a^{-s3^{e-1}} = 1$. 因此，当 $e>2$ 时，总存在生成元 b_1，使得 $o(b_1)=3$. 又由定理 4.7.3 可知，$|G|=3^{e+2}$. 下面我们分 $e=2$ 和 $e>2$ 两种情况进行讨论.

情形 1：$e=2$.

此时 $|G|=3^4$. 由 p^4 阶群的分类知，满足上述条件的群有：

(a) $G=\langle a,b,c\mid a^9=b^3=c^3=1,[a,b]=c,[a,c]=a^3,[b,c]=1\rangle$；

(b) $G=\langle a,b,c\mid a^9=c^3=1,b^3=a^3,[a,b]=c,[a,c]=a^3,[b,c]=1\rangle$；

(c) $G=\langle a,b,c\mid a^9=c^3=1,b^3=a^{-3},[a,b]=c,[a,c]=a^3,[b,c]=1\rangle$；

(d) $G=\langle a,b,c\mid a^9=b^3=c^3=1,[a,b]=c,[a,c]=1,[b,c]=a^{-3}\rangle$.

情形 2：$e>2$.

设 $[a,b]=c$. 由定理 4.7.3 (2) 知，$\exp G'=3$，从而 $o(c)=3$，因此 $c\notin\langle a\rangle$. 若否，则有 $c\in\langle a^{3^{e-1}}\rangle\leqslant Z(G)$，即 $G'\leqslant Z(G)$，$c(G)=2$，与 $c(G)=3$ 矛盾. 又由 $G_3=\langle a^{3^{e-1}}\rangle$，可设 $[a,c]=a^{s3^{e-1}}$，$[b,c]=a^{t3^{e-1}}$，其中 s,t 为 $0,1,-1$，且它们不能同时为 0.

当 $s=1,t=0$ 时，有

$$G=\langle a,b,c\mid a^{3^e}=b^3=c^3=1,[a,b]=c,[a,c]=a^{3^{e-1}},[b,c]=1\rangle.$$
$$(1)$$

当 $s=1,t\neq0$ 时，有

$$G=\langle a,b,c\mid a^{3^e}=b^3=c^3=1,[a,b]=c,[a,c]=a^{3^{e-1}},[b,c]=a^{t3^{e-1}}\rangle.$$

令 $b_1=a^{-t}b$，就有 $b_1^3=(a^{-t}b)^3=a^{-3t}b^3d$，其中 $d\in[a^{-t},b]'$，因而 $o(b_1)=3^e$.

$$[a,b_1]=[a,b]=c,$$

$$[b_1,c]=[a^{-t},c]^b[b,c]=(a^tc^{-1}a^{-t}c)^ba^{t3^{e-1}}=(a^t(a^c)^{-t})^ba^{t3^{e-1}}$$

$$=(a^t(a^{1+3^{e-1}})^{-t})^ba^{t3^{e-1}}=(a^{-t3^{e-1}})a^{t3^{e-1}}=1,$$

又因为 $b_1^3\in\mho_1(G)$，所以 $b_1^3=a^{\pm3}$. 故

$$G=\langle a,b,c\mid a^{3^e}=c^3=1,b^3=a^3,[a,b]=c,$$
$$[a,c]=a^{3^{e-1}},[b,c]=1\rangle,$$
$$(2)$$

$$G=\langle a,b,c\mid a^{3^e}=c^3=1,b^3=a^{-3},[a,b]=c,$$
$$[a,c]=a^{3^{e-1}},[b,c]=1\rangle.$$
$$(3)$$

当 $s=-1,t=0$ 时，有

$$G=\langle a,b\mid a^{3^e}=b^3=c^3=1,[a,b]=c,[b,c]=1,[a,c]=a^{-3^{e-1}}\rangle.$$

令 $c_1=c^{-1},b_1=b^{-1}$，则有 $c_1^3=b_1^3=1,[a,b_1]=[a,b^{-1}]=b^ab^{-1}=$

$bc^{-1}b^{-1} = c^{-1} = c_1$，$[a,c_1] = [a,c^{-1}] = c^a c^{-1} = c[c,a]c^{-1} = a^{3^{e-1}}$，$[b_1,c_1]=1$，此时群 G 同构于群（1）.

当 $s=-1,t\neq 0$ 时，有

$$G = \langle a,b \mid a^{3^e} = b^3 = c^3 = 1, [a,b] = c, [a,c] = a^{-3^{e-1}}, [b,c] = a^{t3^{e-1}} \rangle.$$

令 $b_1 = a^t b$，则有 $b_1^3 = (a^t b)^3 = a^{3t}b^3 d$，其中 $d \in \langle a^t,b\rangle'$，因而 $o(b_1)=3^e$．$[a,b_1]=[a,b]=c$，$[b,c_1]=[a^t,c]^b[b,c]=(a^{-t}c^{-1}a^tc)^b a^{t3^{e-1}} = (a^{-t}(a^c)^t)^b a^{t3^{e-1}} = (a^{-t}(a^{1-3^{e-1}})^t)^b a^{t3^{e-1}} = (a^{-t3^{e-1}})^b a^{t3^{e-1}} = 1$，又因为 $b_1^3 \in \mho_1(G)$，所以 $b_1^3 = a^{\pm3}$．再令 $c_2 = c^{-1}$，$b_2 = b_1^{-1}$，则有 $b_2^3 = a^{\mp3}$，$[a,b_2]=[a,b_1^{-1}]=b_1^a b_1^{-1} = b_1[b_1,a]b_1^{-1} = b_1 c^{-1} b_1^{-1} = c_2$，$[a,c_2]=[a,c^{-1}]=[a,c]^{-1}=a^{3^{e-1}}$，$[b_2,c_2]=1$．此时群 G 同构于群（2）或（3）.

当 $s=0,t\neq 0$ 时，有

$$G = \langle a,b \mid a^{3^e} = b^3 = c^3 = 1, [a,b] = c, [a,c] = 1, [b,c] = a^{t3^{e-1}} \rangle.$$

令 $a_1 = ab^t$，$c_1 = ca^{-3^{e-1}}$，则有 $o(a_1)=3^e$，$o(c_1)=3$，因为 $t^2=1$，所以有

$$[a_1,b] = [a,b]^{b^t} = c^{b^t} = c[c,b^t]$$
$$= cc^{-1}b^{-t}cb^t = c(b^c)^{-t}b^t = ca^{-t^23^{e-1}}$$
$$= ca^{-3^{e-1}} = c_1,$$
$$[a_1,c_1] = [b^t,c] = a^{3^{e-1}},$$
$$[b,c_1] = [b,c] = a^{t3^{e-1}}.$$

再令 $b_2 = a_1^{-t}b$，则 $o(b_2)=3^e$，因而

$$b_2^3 = a_1^{\pm3}, [a_1,b_2] = [a_1,b] = c_1,$$
$$[b_2,c_1] = [a_1^{-t},c_1]^b[b,c_1] = (a^t(a^c)^{-t})^b a^{t3^{e-1}}$$
$$= (a^t a^{-t}a^{-t3^{e-1}})^b a^{t3^{e-1}} = a^{-t3^{e-1}}a^{t3^{e-1}} = 1,$$

故可得此时群 G 同构于群（2）或（3）.

□

定理 5.4.2 设 G 为有限非正则 3 群，且 $\exp G=3^e$，则 G 为极小非 3 交换 3 群当且仅当 G 是下列互不同构群之一：

（1）$G = \langle a,b,c \mid a^{3^e} = b^3 = c^3 = 1, [a,b] = c, [a,c] = a^{3^{e-1}}, [b,c] = 1\rangle$，其

中 $e \geqslant 2$；

(2) $G = \langle a, b, c \mid a^{3^e} = c^3 = 1, b^3 = a^3, [a,b] = c, [a,c] = a^{3^{e-1}}, [b,c] = 1 \rangle$，其中 $e \geqslant 2$；

(3) $G = \langle a, b, c \mid a^{3^e} = c^3 = 1, b^3 = a^{-3}, [a,b] = c, [a,c] = a^{3^{e-1}}, [b,c] = 1 \rangle$，其中 $e \geqslant 2$；

(4) $G = \langle a, b, c \mid a^9 = b^3 = c^3 = 1, [a,b] = c, [a,c] = 1, [b,c] = a^{-3} \rangle$.

证明 必要性由上述定理直接可得，下面证充分性. 首先来证群（1）（2）和（3）不同构. 群（1）中 $C_G(G') = \langle a^3 \rangle \times \langle b \rangle \times \langle c \rangle$ 为 $(3^{e-1}, 3, 3)$ 型，而群（2）（3）中 $C_G(G') = \langle b \rangle \times \langle c \rangle$ 为 $(3^e, 3)$ 型，故群（1）与群（2）（3）互不同构. 下面证群（2）与群（3）也互不同构. 假设群（2）与群（3）同构，则群（2）中的 $C_G(G')$ 与群（3）中的 $C_G(G')$ 也同构. 设 φ 为群（2）到群（3）的一个同构映射，即

$$\varphi: a_1 \rightarrow a^i b^j c^k, \ b_1 \rightarrow a^{3s} b^t c^r \ (i^2 = 1, (t,3) = 1).$$

则有

$$c_1^{\tilde{\omega}} = [a_1, b_1]^{\tilde{\omega}} = [a_1^{\tilde{\omega}}, b_1^{\tilde{\omega}}] = [a^i b^j c^k, a^{3s} b^t c^r] = [a^i b^j c^k, b^t c^r]$$

$$= [a^i b^j, b^t c^r]^{c^k} = [a^i, b^t c^r]^{b^j c^k} = ([a^i, c^r][a^i, b^t]^{c^r})^{b^j c^k}$$

$$= a^{ir3^{e-1}} c^{it} a^{-tl3^{e-1}} = c^{it} a^{(ir-tl)3^{e-1}},$$

其中 l 为非负整数.

$$[a_1, c_1]^{\tilde{\omega}} = [a_1^{\tilde{\omega}}, c_1^{\tilde{\omega}}] = [a^i b^j c^k, c^{it}] = [a^i, c^{it}]^{b^j c^k} = (a^{i3^{e-1}})^{it}$$

$$= a^{i^2 t 3^{e-1}} = a^{t 3^{e-1}} \ (a_1^{3^{e-1}})^{\tilde{\omega}} = (b_1^{3^{e-1}})^{\tilde{\omega}}$$

$$= (b_1^{\tilde{\omega}})^{3^{e-1}} = (a^{3s} b^t c^r)^{3^{e-1}} = b^{t 3^{e-1}} = a^{-t 3^{e-1}},$$

因此 $a^{t 3^{e-1}} = a^{-t 3^{e-1}}$，从而可得 $3 \mid t$，这与 $(3,t) = 1$ 矛盾. 故群（2）与群（3）互不同构.

下面证群（1）～（4）为极小非 3 交换群. 在群（1）中有

$$(ba)^3 = babababa = b^2 a[a,b]ba[a,b]a$$

$$= b^2 acbaca = b^2 abc[c,b]aca$$

$$= b^3 a[a,b]c[a,b]aca = b^3 accacaa^{-3^{e-1}}$$

$$= b^3 a^3 a^{-3^{e-1}}$$

成立，在群（2）中有 $(ba)^3 = b^3 a^3 a^{-3^{e-1}}$ 成立，在群（3）中有 $(ba)^3 =$

$b^3 a^3 a^{-3^{e-1}}$ 成立，在群 (4) 中有 $(ba)^3 = b^3 a^6$ 成立，故群 (1)～(4) 都是非 3 交换的．又在群 (4) 中，$|G| = 3^4$，G 的所有真子群和真商群的阶都不超过 3^3，故它们都是 3 交换的，从而群 (4) 为极小非 3 交换 3 群．又因为群 (1)(2) 和 (3) 中，$Z(G) = \langle a^3 \rangle$，所以都有唯一的极小正规子群 $\langle a^{3^{e-1}} \rangle$，对它们作商群都为 $\overline{G} = \dfrac{G}{\langle a^{3^{e-1}} \rangle}$，

$|\overline{G}'| = 3$，由定理 4.6.1 和定理 4.6.2 可得 $\overline{G}$ 是 3 交换的，因此它们的所有的真商群都是 3 交换的．下面证它们的真子群都是 3 交换的．在群 (1)(2) 和 (3) 中，极大子群都分别为 $M_1 = \langle a, c \rangle$，$M_2 = \langle b, a^3, c \rangle$，$M_3 = \langle ab, a^3, c \rangle$，$M_4 = \langle ab^{-1}, a^3, c \rangle$．在群 (1)(2) 中，$M_1$ 为交换群，$|M_2'| = |M_3'| = |M_4'| = 3$，因而群 (1)(2) 中所有的极大子群都是 3 交换的，因此群 (1),(2) 中所有的真子群都是 3 交换的．群 (3) 中，M_2 为交换群，$|M_1'| = |M_3'| = |M_4'| = 3$，故群 (3) 中所有的极大子群都 3 交换，因此群 (3) 中所有的真子群都 3 交换．

可证群 (1)～(4) 都非正则．在群 (1)～(4) 中，都有 $\mho_1(G') = 1$ 成立．若 G 正则，则由定理 4.6.1 知 G 是 3 交换群，与它们是极小非 3 交换群矛盾．故 (1)～(4) 都是非正则的．

      □

由定理 5.4.1 和定理 5.4.2 直接可得以下定理 5.4.3.

定理 5.4.3　设 G 为有限群，且 $\exp G = 3^e$，则 G 为极小非 3 交换 3 群当且仅当 G 是下列互不同构群之一：

情形 1：G 正则．

(1) $G = \langle a \rangle \triangleleft \langle b \rangle$，其中 $o(a) = 3^{t+4}$，$o(b) = 3^2$，t 为非负整数；

(2) $G = \langle a, b, c \mid a^{3^3} = 1, b^{3^{2+t}} = a^{3^2}, b^{-1}ab = a^{1+3} \rangle$，$t$ 为非负整数；

(3) $G = \langle a, b, c \mid a^9 = b^9 = c^9 = 1, [a,b] = c, [c,a] = [c,b] = 1 \rangle$；

(4) $G = \langle a, b, c \mid a^9 = b^9 = c^9 = 1, [a,b] = c, [c,a] = c^3, [c,b] = 1 \rangle$；

(5) $G = \langle a, b, c \mid a^{3^3} = b^{3^2} = 1, c^3 = a^{3^2}, [a,b] = c, [c,a] = [c,b] = 1 \rangle$；

(6) $G=\langle a,b,c\,|\,a^{3^3}=b^{3^2}=1,c^3=a^{3^2},[a,b]=c,[c,a]=c^3,[c,b]=1\rangle$;

(7) $G=\langle a,b,c\,|\,a^{3^3}=b^{3^2}=1,c^3=a^{3^2},[a,b]=c,[c,a]=1,[c,b]=c^3\rangle$;

(8) $G=\langle a,b,c\,|\,a^{3^3}=b^{3^2}=1,c^3=a^{-3^2},[a,b]=c,[c,a]=1,[c,b]=c^3\rangle$;

情形 2：G 非正则.

(1) $G=\langle a,b,c\,|\,a^{3^e}=b^3=c^3=1,[a,b]=c,[a,c]=a^{3^{e-1}},[b,c]=1\rangle$，其中 $e\geqslant2$;

(2) $G=\langle a,b,c\,|\,a^{3^e}=c^3=1,b^3=a^3,[a,b]=c,[a,c]=a^{3^{e-1}},[b,c]=1\rangle$，其中 $e\geqslant2$;

(3) $G=\langle a,b,c\,|\,a^{3^e}=c^3=1,b^3=a^{-3},[a,b]=c,[a,c]=a^{3^{e-1}},[b,c]=1\rangle$，其中 $e\geqslant2$;

(4) $G=\langle a,b,c\,|\,a^9=b^3=c^3=1,[a,b]=c,[a,c]=1,[b,c]=a^{-3}\rangle$.

§5.5 内交换 *p* 群的中心扩张

在本节中将给出当 $|N|=p$，H 为内交换 *p* 群时，H 被 N 的中心扩张这类群的分类. 本文内容来自文献[2]. 设 G 为 H 被 N 的中心扩张，且 $|N|=p$，$\dfrac{G}{N}\cong H$ 是内交换 *p* 群.

定理 5.5.1 若 $|G'|=p$，则 G 为下列互不同构群之一：

(1) 阶 $\geqslant p^4$ 的内交换 *p*-群;

(2) 内交换 *p* 群与 Z_p 的直积.

反之，定理中的群满足所设条件.

证明 设 $\dfrac{G}{N}=\langle\bar{a},\bar{b}\rangle$，$H=\langle a,b\rangle$. 由 H 的取法知 $G=HN$. 若 $N\leqslant H$，则 $G=H$，从而 $d(G)=d(H)=2$. 由 $|G'|=p$ 及文献[1]中定理 2.3 可得 G 是内交换 *p* 群. 显然 $|G|\geqslant p^4$. 若 $N\nleqslant H$，则 $G=H\times N$，从而 G 为内交换 *p*-群与 Z_p 的直积. 易证定理中的群均满足所设条件. $\square$

引理 5.5.1 若 $|G'|=p^2$，则有：

(1) $d(G)=2, N<G'$；

(2) $\dfrac{G}{N}\not\cong Q_8$；

(3) 当 $G'\cong Z_{p^2}$ 时，$N=\Omega_1(G')=\mho_1(G')$；当 $G'\cong Z_{p^2}$ 时，$N=G_3$.

证明 （1）由 $\left|G'/G'\bigcap N\right|=\left|\left(\dfrac{G}{N}\right)'\right|=p$ 及 $|G'|=p^2$ 可得

$N<G'$. 又 $d\left(\dfrac{G}{N}\right)=2$，从而 $d(G)=2$.

（2）若 $\dfrac{G}{N}\not\cong Q_8$，可设 $\dfrac{G}{N}=\langle\bar{a},\bar{b}\,|\,\bar{a}^4=1,\bar{b}^2=\bar{a}^2,[\bar{a},\bar{b}]=\bar{a}^2\rangle$，则

$G=\langle a,b\rangle$. 由 $N\leqslant Z(G)$ 且 $a^2\equiv b^2\pmod N$ 可得 $a^2\in Z(G)$，又由 $a^2\notin N$ 且 $N\leqslant Z(G)$ 得 $Z(G)\geqslant4$. 又 $|G|=2^4$，于是 $Z(G)=4$ 且 $Z(G)=\Phi(G)$. 再由文献[1]中定理 2.3 得 $|G'|=p$. 矛盾.

（3）当 $G'\cong Z_{p^2}$ 时，由（1）可得证. 当 $G'\cong Z_{p^2}$ 时，由（1）得 $d(G)=2, c(G)=3$. 另一方面，由文献[1]中定理 2.3 知 $c\left(\dfrac{G}{N}\right)=2$，于是 $1\neq G_3\leqslant N$，从而 $N=G_3$.

□

引理 5.5.2 若 $|G'|=p^2$，$\dfrac{G}{N}\cong M(n,m)$，则 $G'\cong Z_{p^2}$. 特别地，$G'\leqslant Z(G)$ 当且仅当 $n\geqslant3$.

证明 易知 $N<G'$，设 $\dfrac{G}{N}=\langle\bar{a},\bar{b}\,|\,\bar{a}^{p^n}=\bar{b}^{p^m}=1,[\bar{a},\bar{b}]=\bar{a}^{p^{n-1}}\rangle$，$n\geqslant2$，于是 $G=\langle a,b\rangle$. 因 $[a,b]\equiv a^{p^{n-1}}\pmod N$，故 $[a,b,a]=1$ 且 $[a,b,b]=[a^{p^{n-1}},b]=[a,b]^{p^{n-1}}$，从而 $G_3\leqslant\Phi(G')$. 又由 $N=\Phi(G')G_3$，可得 $G'\cong Z_{p^2}$. 由 $[a,b]\equiv a^{p^{n-1}}\pmod N$ 及 $[a^{p^{n-1}},b]=[a,b]^{p^{n-1}}$ 可知，$G'\leqslant Z(G)$ 等价于 $n\geqslant3$.

□

定理 5.5.2 若 $|G'|=p^2$，$\dfrac{G}{N}\cong M(n,m)$，则 G 是下列互不同构群之一：

情形 1：$c(G)=2$.

(1) $\langle a,b \mid a^{p^{n+1}}=b^{p^m}=1,[a,b]=a^{p^{n-1}} \rangle$，$n \geqslant 3$，$m \geqslant 2$；

(2) $\langle a,b \mid a^{p^{n+1}}=1,b^{p^m}=a^{p^n},[a,b]=a^{p^{n-1}} \rangle$，$m>n \geqslant 3$.

情形 2：$c(G)=3$.

(3) $\langle a,b \mid a^8=b^{2^m}=1,[a,b]=a^2 \rangle$；

(4) $\langle a,b \mid a^8=b^{2^m}=1,[a,b]=a^{-2} \rangle$；

(5) $\langle a,b \mid a^{p^3}=b^{p^m}=1,[a,b]=a^p \rangle$，$p \geqslant 3$，$m \geqslant 2$；

(6) $\langle a,b \mid a^8=1,b^{2^m}=a^4,[a,b]=a^{-2} \rangle$；

(7) $\langle a,b \mid a^{p^3}=1,b^{p^m}=a^{p^2},[a,b]=a^p \rangle$，$p \geqslant 3$，$m \geqslant 3$.

反之，定理中的群满足所设条件.

证明 设 $\dfrac{G}{N}=\langle \bar{a},\bar{b} \mid \bar{a}^{p^n}=\bar{b}^{p^m}=1,[\bar{a},\bar{b}]=\bar{a}^{p^{n-1}} \rangle$，$n \geqslant 2$. 由引理 5.5.1 知 $N<G'$，由此可得 $G=\langle a,b \rangle$. 由引理 5.5.2 知 $G' \cong Z_{p^2}$. 又由 $[a,b] \equiv a^{p^{n-1}} \pmod{N}$，可得 $G'=\langle a^{p^{n-1}} \rangle$ 且 $N=\langle a^{p^n} \rangle = \mho_1(G')$. 从而不同数对 (n,m) 对应不同的 G.

由 $|G'|=p^2$ 可知 $c(G)=2$ 或 3. 下面分 $c(G)=2$ 和 $c(G)=3$ 两种情形进行讨论.

情形 1：$c(G)=2$.

由引理 5.5.2 知 $n \geqslant 3$. 断言 $m \geqslant 2$. 若否，则 $b^p \in Z(G)$. 但 $[a,b^p]=[a,b]^p \neq 1$. 矛盾.

令 $M=\langle a,\Phi(G) \rangle$. 若 M 外存在 p^m 阶元 b，可设 $G=\langle a,b \mid a^{p^{n+1}}=b^{p^m}=1,[a,b]=a^{p^{n-1}} \rangle$，此为群(1). 若 M 外不存在 p^m 阶元，由 $\dfrac{G}{N}$ 的结构可知，存在 $b_1 \in G \backslash M$，使得 $G=\langle a,b_1 \rangle$，$b_1^{p^m}=a^{ip^n}$，$1 \leqslant i \leqslant p-1$. 当 $m \leqslant n$ 时，$b_1 a^{-ip^{n-m}} \in G \backslash M$ 且 $o(b_1 a^{-ip^{n-m}})=p^m$，这与假设矛盾. 当 $m>n$ 时，不妨设 $G=\langle a,b \mid a^{p^{n+1}}=1,b^{p^m}=a^{p^n},[a,b]=a^{p^{n-1}} \rangle$，此为群(2).

情形 2：$c(G)=3$.

由引理 5.5.2 知 $n=2$. 又由 $G'=\langle a^p \rangle$ 可得 $G_3=\langle a^{p^2} \rangle$. 令 $M=\langle a,\Phi(G) \rangle$.

若 M 外存在 p^m 阶元 b，此时 $G=\langle a,b \rangle$. 由 G/N 的结构，不

妨设 $[a,b]=a^{(1+ip)p}$，其中 $0\leqslant i\leqslant p-1$. 当 $p=2,i=0$ 时，$\langle a,b\,|\,a^8=b^{2^m}=1,[a,b]=a^2\rangle$，此为群（3）. 当 $p=2,i=1$ 时，$\langle a,b\,|\,a^8=b^{2^m}=1,[a,b]=a^{-2}\rangle$. 此为群（4）. 当 $p\neq2$ 时，断言 $m\geqslant2$. 若否，则 $b^p\in Z(G)$. 但 $[a,b^p]=[a,b]^p\neq1$. 矛盾. 用 b^{1-ip} 代替 b，可得 $G=\langle a,b\,|\,a^{p^3}=b^{p^m}=1,[a,b]=a^p\rangle$，此为群（5）.

若 M 外不存在 p^m 阶元，由 G/N 的结构可知，存在 $b_1\in G\backslash M$，使得 $G=\langle a,b_1\,|\,a^{p^3}=1,b_1^{p^m}=a^{ip^2},[a,b_1]=a^{(i+jp)p}\rangle$，其中 $0\leqslant i,j\leqslant p-1$ 且 $i\neq0$. 当 $p=2$ 时，$b_1^{2^m}=a^4,[a,b_1]=a^{\pm2}$. 若 $[a,b_1]=a^{-2}$，则 $G=\langle a,b\,|\,a^8=1,b^{2^m}=a^4,[a,b]=a^{-2}\rangle$，此为群（6）. 若 $[a,b_1]=a^2$，当 $m=1$ 时，$ab_1^{-1}\in G\backslash M$ 且 $o(ab_1^{-1})=2$，这与假设矛盾. 当 $m\geqslant2$ 时，用 $ab_1^{-2^{m-1}}$ 代替 a，划归为群（6）. 当 $p\neq2$ 时，断言 $m\geqslant2$. 若否，则 $b_1^p\in Z(G)$. 但 $[a,b_1^p]=[a,b]^p\neq1$. 矛盾. 若 $m=2$，$b_1a^{-i}\in G\backslash M$ 且 $o(b_1a^{-i})=p^2$，这与假设矛盾. 若 $m\geqslant3$，用 $a^{i(1-jp)},b_1^{1-jp}$ 分别代替 a,b，可得 $G=\langle a,b\,|\,a^{p^3}=1,b^{p^m}=a^{p^2},[a,b]=a^p\rangle$，此为群（7）.

由以下事实可得群（1）～（7）互不同构.

（1）（2）中 $c(G)=2$；（3）～（7）中 $c(G)=3$.

对于群（1）（2）来说，只须证当 $m>n\geqslant3$ 时，它们不同构即可. 事实上，（1）中 $\exp(G)=p^m$；（2）中 $\exp(G)=p^{m+1}$.

对于群（3）～（7）来说，若 $p>2$，只须证当 $m\geqslant3$ 时，（5）与（7）不同构即可. 事实上，（5）中 $\exp(G)=p^m$；（7）中 $\exp(G)=p^{m+1}$. 若 $p=2$，当 $m=1$ 或 2 时，（6）中，$G\backslash\Phi(G)$ 无 2^m 阶元. 但（3）（4）却不然. 当 $m\geqslant3$ 时，（4）中，$\exp(G)=2^{m+1}$；（3）（4）中，$\exp(G)=2^m$. 只须证（3）与（4）不同构. 若（3）中 $G_1=\langle a_1,b_1\rangle$ 与（4）中 $G_2=\langle a_2,b_2\rangle$ 同构，令 σ 是 G_1 到 G_2 的同构映射. 不妨设 $a_1^\sigma=b_2^ja_2^i,b_1^\sigma=b_2^la_2^k$. 由 $G_2{}'=(a_1^2)^\sigma=(b_2^ja_2^i)^2$ 可得 $2\,|\,j,2\,|\,l$，又由 $(b_1^2)^\sigma=b_2^{2l}$ 可知，σ 为 $\langle b_1^2\rangle$ 到 $\langle b_2^2\rangle$ 的同构映射. 又 $\langle b_1^2\rangle\leqslant Z(G_1)$，$\langle b_2^2\rangle\leqslant Z(G_2)$，可得 $\dfrac{G_1}{\langle b_1^2\rangle}\cong\dfrac{G_2}{\langle b_2^2\rangle}$. 另一方面，$\dfrac{G_1}{\langle b_1^2\rangle}\cong SD_{16}$，$\dfrac{G_2}{\langle b_2^2\rangle}\cong D_{16}$. 矛盾.

反之,定理中给出的群满足所设条件,这是因为群(1)～(7)中,存在唯一的子群 $N = \mho_1(G')$ 满足条件 $N \trianglelefteq G, |N| = P, \dfrac{G}{N} \cong M(n,m)$.

□

定理 5.5.3 若 $G' \cong Z_p^2, \dfrac{G}{N} \cong M(n,m,1)$,则 G 是下列互不同构群之一:

(1) $\langle a,b,c \mid a^{p^{n+1}} = b^{p^m} = c^p = 1, [a,b] = c, [c,a] = 1, [c,b] = a^{vp^n} \rangle, n \geqslant m$,当 $p = 2$ 时,$v = 1, m \geqslant 2$;当 $p \geqslant 3$ 时,v 为 1 或某个模 p 的平方非剩余;

(2) $\langle a,b,c \mid a^{p^{n+1}} = b^{p^m} = c^p = 1, [a,b] = c, [c,a] = a^{p^n}, [c,b] = 1 \rangle, n \geqslant m$,当 $p = 2$ 时,$n \geqslant 2$;

(3) $\langle a,b,c \mid a^8 = c^2 = 1, a^4 = b^2, [a,b] = c, [c,a] = a^4, [c,b] = 1 \rangle$;

(4) $\langle a,b,c \mid a^9 = c^3 = 1, a^3 = b^3, [a,b] = c, [c,a] = a^3, [c,b] = 1 \rangle$;

(5) $\langle a,b,c \mid a^{p^n} = b^{p^{m+1}} = c^p = 1, [a,b] = c, [c,a] = b^{vp^m}, [c,b] = 1 \rangle, n > m$,当 $p = 2$ 时,$v = 1, m \geqslant 2$;当 $p \geqslant 3$ 时,v 为 1 或某个模 p 的平方非剩余;

(6) $\langle a,b,c \mid a^{p^n} = b^{p^{m+1}} = c^p = 1, [a,b] = c, [c,a] = 1, [c,b] = b^{p^m} \rangle, n > m$,当 $p = 2$ 时,$m \geqslant 2$;

(7) $\langle a,b,c,d \mid a^{p^n} = b^{p^m} = c^p = d^p = 1, [a,b] = c, [c,a] = 1, [c,b] = d \rangle, n \geqslant m$,当 $p = 2$ 时,$m \geqslant 2$,当 $p = 3$ 时,$n + m \geqslant 3$;

(8) $\langle a,b,c,d \mid a^{p^n} = b^{p^m} = c^p = d^p = 1, [a,b] = c, [c,a] = d, [c,b] = 1 \rangle, n > m$,当 $p = 2$ 时,$n + m \geqslant 4$.

定理 5.5.4 若 $G' \cong Z_{p^2}, \dfrac{G}{N} \cong M(n,m,1)$,则 G 是下列互不同构群之一:

情形 1:$c(G) = 2$.

(1) $\langle a,b,c \mid a^{p^n} = b^{p^m} = c^{p^2} = 1, [a,b] = c, [c,a] = 1, [c,b] = 1 \rangle$,

$n \geqslant m \geqslant 2$；

(2) $\langle a,b,c \mid a^{p^{n+1}} = b^{p^m} = 1, c^p = a^{p^n}, [a,b] = c, [c,a] = 1, [c,b] = 1 \rangle$，$n \geqslant m \geqslant 2$，当 $p = 2$ 时，$n + m \geqslant 5$；

(3) $\langle a,b,c \mid a^{p^n} = b^{p^{m+1}} = 1, c^p = b^{p^m}, [a,b] = c, [c,a] = 1, [c,b] = 1 \rangle$，$n > m \geqslant 2$；

(4) $\langle a,b,c \mid a^8 = 1, b^{p^{m+1}} = 1, c^2 = a^4 = b^4, [a,b] = c, [c,a] = 1, [c,b] = 1 \rangle$.

情形 2：$c(G) = 3$.

(5) $\langle a,b,c \mid a^{p^n} = b^{p^m} = c^{p^2} = 1, [a,b] = c, [c,a] = 1, [c,b] = c^p \rangle$，$n \geqslant m$，当 $p = 2$ 时，$n \geqslant 2$，当 $p > 2$ 时，$m \geqslant 2$；

(6) $\langle a,b,c \mid a^{p^n} = b^{p^m} = c^{p^2} = 1, [a,b] = c, [c,a] = c^p, [c,b] = 1 \rangle$，$n > m \geqslant 2$；

(7) $\langle a,b,c \mid a^{p^{n+1}} = b^{p^m} = 1, c^p = a^{up^n}, [a,b] = c, [c,a] = 1, [c,b] = c^p \rangle$，$n \geqslant m, 1 \leqslant u \leqslant p - 1$，当 $p > 2$ 时，$m \geqslant 2$；当 $p = 2$ 时，$n \geqslant 2$；

(8) $\langle a,b,c \mid a^{p^{n+1}} = b^{p^m} = 1, c^p = a^{p^n}, [a,b] = c, [c,a] = c^p, [c,b] = 1 \rangle$，$n \geqslant m \geqslant 2$，当 $p = 2$ 时，$n + m \geqslant 5$；

(9) $\langle a,b,c \mid a^{p^n} = b^{p^{m+1}} = 1, c^p = b^{p^m}, [a,b] = c, [c,a] = 1, [c,b] = c^p \rangle$，$n > m$，当 $p = 2$ 时，$n + m \geqslant 5$；

(10) $\langle a,b,c \mid a^{p^n} = b^{p^{m+1}} = 1, c^p = b^{up^m}, [a,b] = c, [c,a] = c^p, [c,b] = 1 \rangle$，$n > m \geqslant 2, 1 \leqslant u \leqslant p - 1$；

(11) $\langle a,b,c \mid a^8 = b^4 = 1, c^2 = a^4 = b^2, [a,b] = c, [c,a] = 1, [c,b] = c^2 \rangle$；

(12) $\langle a,b,c \mid a^8 = b^8 = 1, c^2 = a^4 = b^4, [a,b] = c, [c,a] = 1, [c,b] = c^2 \rangle$.

§5.6　p 导群较大的极小非 p 交换 p 群

前面给出了极小非 3 交换 3 群的分类，而对于 $p > 3$ 时，对一般的极小非 p 交换 p 群进行分类还比较困难，本节中我们将

讨论 p 导群"较小"的极小非 p 交换 p 群的分类问题. 当 $p=2$ 时，2 交换性即群的交换性，此时 $G'=\delta(G)$，故下面总假设 $p>2$.

定理 5.6.1 设 G 为有限 p 群且 $|G'|=p$，则群 G 为 p 交换 p 群.

证明 若 $|G'|=p$，则 $c(G)=2$，从而 $G'\leqslant Z(G)$，由定理 3.1.2，对任意的 $x,y\in G$，$(xy)^p=x^p[x,y^{-1}]^{\binom{p}{2}}y^p=x^p[y,x]^{\binom{p}{2}}y^p$ $=x^py^p$，且 $(yx)^p=y^p[y,x^{-1}]^{\binom{p}{2}}x^p=y^px^p$，故群 G 为 p 交换 p 群.

□

定理 5.6.2 设 G 为有限非交换 p 群，则 $\delta(G)<G'$ 且 $|G':\delta(G)|\geqslant p$.

证明 令 $\bar{G}=\dfrac{G}{G'}$，则 $\bar{G}$ 交换，进而 p 交换，故 $\delta(G)\leqslant G'$. 设 N 为 G' 的一个极大子群且 $N\lhd G$，则 $\left(\dfrac{G}{N}\right)'=\dfrac{G'}{N}$ 为 p 阶循环群，由定理 5.6.1 得 $\dfrac{G}{N}$ 为 p 交换的，从而 $\delta(G)<N$，故有 $|G':\delta(G)|\geqslant p$.

□

推论 5.6.1 设 G 为有限 p 群且 $p>2$，则 $\delta(G)=G'$ 当且仅当 G 为交换群.

证明 若 G 非交换，由 $\delta(G)=G'$ 得 $|G':\delta(G)|=1<p$，由定理 5.6.2 得矛盾，故 G 为交换群. 反之，若 G 交换，则 $\delta(G)=G'=1$.

□

定理 5.6.3 设 G 为极小非 p 交换 p 群，且 $|G':\delta(G)|=p$，则 G 为下列互不同构群之一：

情形 1：

(1)$\langle a,b\,|\,a^{p^{n+1}}=b^{p^2}=1,[a,b]=a^{p^{n+1}}\rangle$,$n\geqslant 3$；

(2)$\langle a,b\,|\,a^{p^3}=b^{p^2}=1,[a,b]=a^p\rangle$,$p>3$；

(3)$\langle a,b\,|\,a^{p^3}=1,b^{p^m}=a^{p^2},[a,b]=a^p\rangle$,$p\geqslant 3$,$m\geqslant 3$.

情形 2：

(4)$\langle a,b,c\,|\,a^{3^{n+1}}=b^3=c^3=1,[a,b]=c,[c,a]=1,[c,b]=a^{v3^n}\rangle$,$n\geqslant 1$,$v$ 为 1 或某个模 3 的平方非剩余；

(5)$\langle a,b,c\,|\,a^{3^{n+1}}=b^3=c^3=1,[a,b]=c,[c,a]=a^{3^n},[c,b]=1\rangle$,$n\geqslant 1$；

(6)$\langle a,b,c\,|\,a^9=c^3=1,a^3=b^3,[a,b]=c,[c,a]=a^3,[c,b]=1\rangle$；

(7)$\langle a,b,c\,|\,a^{p^2}=b^{p^2}=c^{p^2}=1,[a,b]=c,[c,a]=1,[c,b]=1\rangle$；

(8)$\langle a,b,c\,|\,a^{p^3}=b^{p^2}=1,c^p=a^{p^2},[a,b]=c,[c,a]=1,[c,b]=1\rangle$；

(9)$\langle a,b,c\,|\,a^{p^2}=b^{p^2}=c^{p^2}=1,[a,b]=c,[c,a]=1,[c,b]=c^p\rangle$；

(10)$\langle a,b,c\,|\,a^{p^3}=b^{p^2}=1,c^p=a^{up^2},[a,b]=c,[c,a]=1,[c,b]=c^p\rangle$,$1\leqslant u\leqslant p-1$；

(11)$\langle a,b,c\,|\,a^{p^3}=b^{p^2}=1,c^p=a^{p^2},[a,b]=c,[c,a]=c^p,[c,b]=1\rangle$.

证明　设 G 为极小非 p 交换 p 群，由定理 5.6.2 知 $d(G)=2$，且 $\delta(G)$ 为 G 的唯一的极小正规子群，故 $|\delta(G)|=p$ 且 $Z(G)$ 循环，又由 $|G':\delta(G)|=p$ 得 $|G'|=p^2$.

情形 1：G 为亚循环群的扩张.

由于 $p\neq 2$，此时满足条件的群只可能为定理 5.5.4 中的群 (1)(2)(5)(7). 群 (1) 中，$Z(G)=\langle a^{p^2},b^{p^2}\rangle$，若使 $Z(G)$ 循环，则需使 $m=2$. 下面证群 (1) 为极小非 p 交换 p 群. $G'=\langle a^{p^{n-1}}\rangle$,$(G)=2$, $(ab)^p=a^p[a,b^{-1}]^{\binom{p}{2}}b^p=a^p[a,b]^{-\binom{p}{2}}b^p=a^p(a^{p^{vn}})b^p\neq a^pb^p$，其中 v 为与 p 互素的整数，$(a^pb)^p=(a^p)^p[a^p,b^{-1}]^{\binom{p}{2}}b^p=$

$a^p[a,b]^{-\binom{p}{2}}b^p=(a^p)^pb^p$，与之类似可得 $(ba^p)^p=b^p(a^p)^p$，

$(ab^p)^p=a^p(b^p)^p$，$(b^pa)^p=(b^p)^pa^p$，从而有 $\zeta(G)=\langle a^p,b^p\rangle=$

$\varPhi(G)$。由 $[a,b]_p=b^{-p}a^{-p}(ab)^p=[a,b]^{-\binom{p}{2}}$，$[b,a]_p=[a,b]^{\binom{p}{2}}$

可得 $\delta(G)=\langle a^{p^n}\rangle$ 为 G 的唯一的极小正规子群，由定理5.2.2知

$m=2$ 时群(1)为极小非 p 交换 p 群，故 $m=2$ 时群(1)为满足条

件的群，即本定理中群(1)。群(2)中，$Z(G)=\langle a^{p^2},b^{p^2}\rangle$ 不循环，

不是极小非 p 交换 p 群。群(5)中，$Z(G)=\langle a^{p^2},b^{p^2}\rangle$，若使 $Z(G)$

循环，则须使 $m=2$，又同上可证 $G'=\langle a^p\rangle$，$\varPhi(G)=\langle a^p,b^p\rangle=$

$\zeta(G)$，$\delta(G)=\langle a^{p^2}\rangle$ 为 G 的唯一的极小正规子群，由定理 5.2.2

知 $m=2$ 时群(5)为满足条件的群，即为本定理中群(2)。群(7)

中，$Z(G)=\langle b^{p^2}\rangle$ 循环，同上可证 $G'=\langle a^p\rangle$，$\varPhi(G)=\langle a^p,b^p\rangle=$

$\zeta(G)$，$\delta(G)=\langle a^{p^2}\rangle$ 为 G 的唯一的极小正规子群，由定理 5.2.2

知群(7)为满足条件的群，即本定理中群(3)。

情形 2：G 为非亚循环群的扩张。

①若 $G'\cong Z_p^2$。

此时满足条件的群只可能为定理 5.5.3 中的群。若 $p>3$，则

定理 5.5.3 中的群都满足 $c(G)\leqslant 3<p$ 且 $\exp(G')=p$，由定理

4.5.1 可得 G 为 p 交换群。故下面只须考虑 $p=3$ 的情形。又定

理 5.5.3 中环群(5)中 $Z(G)=\langle a^p,b^p\rangle$，群(6)中 $Z(G)=\langle a^p,$

$b^p\rangle$，群(7)中 $Z(G)=\langle a^p,b^p,d\rangle$，群(8)中 $Z(G)=\langle a^p,b^p,d\rangle$，这

四个群中心都不循环，由定理 5.2.2 知定理 5.5.3 中群(5)~(8)

都不是极小非 p 交换 p 群。在群(1)中 $Z(G)=\langle a^3,b^3\rangle$，若使

$Z(G)$ 循环，则须使 $m=1$，又同上可得 $\varPhi(G)=\langle a^3,c\rangle=\zeta(G)$，

$\delta(G)=\langle a^{3^n}\rangle$ 为 G 的唯一的极小正规子群。由定理 5.2.2 知 $m=1$

时群(1)为极小非 p 交换 p 群，故定理 5.5.3 中群(1)为满足条

件的群，即本定理中群(4)。在群(2)中，$Z(G)=\langle a^3,b^3\rangle$，若使

$Z(G)$ 循环，则须使 $m=1$，又同上可得 $\varPhi(G)=\langle a^3,c\rangle=\zeta(G)$，

$\delta(G)=\langle a^{3^n}\rangle$ 为 G 的唯一的极小正规子群，由定理 5.2.2 知当

$m=1$ 时群(2)为极小非 p 交换 p 群，故定理 5.5.3 中群(2)为满

足条件的群,即本定理中群(5).在群(4)中 $Z(G)=\langle a^3\rangle$ 循环,Φ $(G)=\langle a^3,c\rangle=\zeta(G)$,$\delta(G)=\langle a^3\rangle$ 为 G 的唯一的极小正规子群,故定理 5.5.3 中群(4)为满足条件的群,即本定理中的群(6).

②若 $G'\cong Z_{p^2}$.

此时满足条件的群只可能为定理 5.5.4 中 4 群.又易知定理 5.5.4 中群(4)(11)(12)中 $p=2$,群(3)中 $Z(G)=\langle a^{p^2},b^{p^2},c\rangle$,群(6)中 $Z(G)=\langle a^{p^2},b^{p^2},c^p\rangle$,群(9)中 $Z(G)=\langle a^{p^2},b^{p^2},c^p\rangle$,群(10)中 $Z(G)=\langle a^{p^2},b^{p^2},c\rangle$,这四个群中心不循环,由定理 5.2.2 知都不是极小非 p 交换 p 群.群(1)中,$Z(G)=\langle a^{p^2},b^{p^2},c\rangle$,若使 $Z(G)$ 循环,则须使 $m=n=2$,又 $\Phi(G)=\langle a^p,b^p,c\rangle=\zeta(G)$,$\delta(G)=\langle c^p\rangle$ 为 G 的唯一的极小正规子群,由定理 5.2.2 知当 $m=n=2$ 时定理 5.5.4 中群(2)为满足条件的群,即本定理中群(7).群(2)中,$Z(G)=\langle a^{p^2},b^{p^2},c\rangle$,若使 $Z(G)$ 循环,则须使 $m=n=2$,又 $\Phi(G)=\langle a^p,b^p,c\rangle=\zeta(G)$,$\delta(G)=\langle c^p\rangle$ 为 G 的唯一的极小正规子群,由定理 5.2.2 知当 $m=n=2$ 时定理 5.5.4 中群(2)为满足条件的群,即本定理中群(8).群(5)中,$Z(G)=\langle a^{p^2},b^{p^2},c^p\rangle$,若使 $Z(G)$ 循环,则须使 $m=n=2$,又 $\Phi(G)=\langle a^p,b^p,c\rangle=\zeta(G)$,$\delta(G)=\langle c^p\rangle$ 为 G 的唯一的极小正规子群,故当 $m=n=2$ 时群(5)为满足条件的群,本定理中即群(9).群(7)中,$Z(G)=\langle a^{p^2},b^{p^2},c^p\rangle$,若使 $Z(G)$ 循环,则须使 $m=2$,又 $\Phi(G)=\langle a^p,b^p,c\rangle=\zeta(G)$,$\delta(G)=\langle c^p\rangle$ 为 G 的唯一的极小正规子群,由定理 5.2.2 知当 $m=2$ 时定理 5.5.4 中群(5)为满足条件的群,即本定理中群(10).群(8)中,$Z(G)=\langle a^{p^2},b^{p^2},c^p\rangle$,若使 $Z(G)$ 循环,则须使 $m=2$,又 $\Phi(G)=\langle a^p,b^p,c\rangle=\zeta(G)$,$\delta(G)=\langle c^p\rangle$ 为 G 的唯一的极小正规子群.由定理 5.2.2 知当 $m=2$ 时定理 5.5.4 中群(8)为满足条件的群,即本定理中群(11).

□

§5.7　中心较大的极小非 p 交换 p 群

上节中我们讨论了 p 导群"较小"的极小非 p 交换 p 群的分

类问题，本节继续对特殊的 p 交换 p 群的分类问题进行讨论，给出了当 $|\zeta(G):Z(G)|=p$ 时极小非 p 交换 p 群的分类. 若 $p=2$ 时，2 交换 2 群即为交换群，此时 $\zeta(G)=Z(G)$，故下面均假设 p 为奇素数.

称有限 p 群 G 为 C_t 群，如果 G 有一个指数为 p^t 的循环子群，但 G 的所有指数为 p^{t-1} 的子群都不循环.

引理 5.7.1 设 G 是有限 p 群，若 $|G|=p^4$ 且 $p\geqslant5$，则 G 为 p 交换群.

证明 若 G 交换，结论显然成立；若 G 非交换，由 p^4 阶群表知，G 为二元生成的亚交换群，由定理 4.5.1 知 G 为 p 交换 p 群.

□

引理 5.7.2 设 G 为极小非 p 交换 p 群，且 $|G|=p^5$，$p\geqslant5$，则 $|\zeta(G):Z(G)|>p$.

证明 设 G 为满足题设条件的群，由定理 5.2.2 知 $d(G)=2$，由 p^5 阶群表知，$G\cong\langle a,b|a^{p^3}=1,b^{p^2}=a^{p^2},a^b=a^{1+p}\rangle$. 若否，$G$ 为亚交换群，$\exp(G')\leqslant p$ 且 $c(G)<p$. 由定理 4.5.1，G 为 p 交换群，矛盾. 若 $G\cong\langle a,b|a^{p^3}=1,b^{p^2}=a^{p^2},a^b=a^{1+p}\rangle$，易计算得 $(ab)^p\neq a^pb^p$，G 非 p 交换，又由引理 5.7.1 知 G 为极小非 p 交换 p 群. 易得 $G'=\langle a^p\rangle$，$\Phi(G)=\langle a^p,b^p\rangle$，由定理 5.2.2 得 $\zeta(G)=\langle a^p,b^p\rangle$，进而 $|\zeta(G):Z(G)|=p^2>p$.

□

定理 5.7.1 设 G 为有限 p 群，$N\trianglelefteq G$ 且 $|N:Z(G)|=p$，则 $N\leqslant\zeta(G)$.

证明 对任意的 $x\in N$，$y\in G$，下面证 $H=\langle x,y\rangle$ 是 p 交换的. 令 $\overline{G}=\dfrac{G}{Z(G)}$，$\overline{N}=\dfrac{N}{Z(G)}$，则 $\overline{N}\leqslant Z(\overline{G})$，从而 $[\overline{x},\overline{y}]=\overline{1}$，$[x,y]\in Z(G)$. 又由 $H'=\langle[x,y]^h|h\in H\rangle=\langle[x,y]\rangle\leqslant Z(G)$ 得 $c(H)=2<p$，且 $[x,y]^p=[x^p,y]=1$，即 $\exp(H')\leqslant p$，由定理 4.5.1 得 H 为 p 交换的，故 $N\leqslant\zeta(G)$.

□

推论 5.7.1　设 G 为有限非交换 p 群,则 $|\zeta(G):Z(G)|\geqslant p$.

定理 5.7.2　设 G 为极小非 p 交换 p 群,若 $p\geqslant 5$,则 $|\zeta(G):Z(G)|>p$.

证明　由引理 5.7.1 及引理 5.7.2,可设 $|G|\geqslant p^6$. 由定理 5.2.2,$d(G)=2,\zeta(G)=\Phi(G),|G:\zeta(G)|=|G:\Phi(G)|=p^2$, 欲证明 $|\zeta(G):Z(G)|>p$,只须证 $|G:Z(G)|>p^3$. 若否,设 G 为反例. 由定理 5.2.2,G 的极小正规子群唯一,从而 $Z(G)$ 循环. 下面分三种情形进行讨论.

情形 1:若 G 为 C_1 群.

此时 G 为亚循环群,由定理 4.2.2 可得

$$G\cong\langle a,b\,|\,a^{p^{r+s+u}}=1,b^{p^{r+s+t}}=a^{p^{r+s}},[a,b]=a^{p^r}\rangle,$$

其中 r,s,t,u 为非负整数,且满足 $r\geqslant 1,u\leqslant r$. 由 G 的型不变量 为 $(e,1)$ 得 $e=r+s+t+u,r+s=1$,从而可知 G 为下列两个互不 同构的群

$$G_1=\langle a,b\,|\,a^p=1,b^{p^e}=1,[a,b]=1\rangle,$$

$$G_2=\langle a,b\,|\,a^{p^2}=1,b^{p^{e-1}}=a^p,[a,b]=a^p\rangle.$$

易知 G_1 交换,G_2 中 $\exp(G'_2)\leqslant p$ 且 $c(G)=2<p$,由定理 4.5.1 知 G 为 p 交换 p 群.

情形 2:若 G 为 C_2 群.

此时 G 为文献[2]中的群之一,断言 G 为文献[2]中的(10) 型群或(12)型群. 若否,若 G 为(1)(3)或(4)型群,$d(G)=3$,矛 盾. 若 G 为(2)(5)(6)(7)(8)(9)或(11)型群,计算易知 G 亚交 换,$\exp(G')\leqslant p$ 且 $c(G)<p$. 由定理 4.6.1 知,G 为 p 交换 p 群. 矛盾.

若 G 为(10)型群,由定理 3.2.1 及定理 3.1.2,$(ab)^p=a^pb^p[a,b]^{-\binom{p}{2}}\neq a^pb^p$,$G$ 非 p 交换. 若 G 为极小非 p 交换 p 群, 由定理 5.2.2 有 $\zeta(G)=\Phi(G)=\langle a^p,b^p\rangle$,故有 $|\zeta(G):Z(G)|=p^2>p$. 若 G 为(12)型群,由引理 3.1.1 及定理 3.1.2,$(ab)^p=a^{p-p^{n-2}\binom{p}{2}}b^p\neq a^pb^p$,$G$ 非 p 交换. 与(10)型群类似可得

$|\zeta(G):Z(G)|=p^2>p.$

情形 3：若 G 为 C_3 群.

文献[3]已给出 C_3 群的分类. 当 $p\geqslant 5$ 时，G 为文献[3]中定理 11、定理 12 或定理 13 中的群之一. 若 G 为定理 11 中的（1）（3）（4）（6）（7）或（8）型群，易得 $Z(G)$ 非循环，矛盾. 若 G 为定理 11 中的（2）（5）或（9）型群，易得 $\delta(G)\cong C_{p^2}$，由引理 5.7.2 得矛盾. 若 G 为定理 12 中的（1）～（16）型群或定理 13 中的群之一，且 $d(G)=2$，可验证得 G 亚交换，且 $\exp(G')\leqslant p$ 且 $c(G)<p$. 由引理 5.7.1 知，G 为 p 交换 p 群. 矛盾.

若 G 为定理 12 中的（17）～（20）型群且 $d(G)=2$，易得 $Z(G)=\langle a^p,b^p\rangle$ 非循环，矛盾.

$\square$

定理 5.7.3 设 G 为极小非 p 交换 p 群，若 $|\zeta(G):Z(G)|=p$，则当且仅当 G 为下列互不同构的群之一：

（1）$G=\langle a,b,c\,|\,a^{3^e}=b^3=c^3=1,[a,b]=c,[a,c]=a^{3^{e-1}},[b,c]=1\rangle$，其中 $e\geqslant 2$；

（2）$G=\langle a,b,c\,|\,a^{3^e}=c^3=1,b^3=a^3,[a,b]=c,[a,c]=a^{3^{e-1}},[b,c]=1\rangle$，其中 $e\geqslant 2$；

（3）$G=\langle a,b,c\,|\,a^{3^e}=c^3=1,b^3=a^{-3},[a,b]=c,[a,c]=a^{3^{e-1}},[b,c]=1\rangle$，其中 $e\geqslant 2$；

（4）$G=\langle a,b,c\,|\,a^9=b^3=c^3=1,[a,b]=c,[a,c]=1,[b,c]=a^{-3}\rangle$.

证明 设 G 为满足题设条件的群，则 $p=3$，G 为定理 5.4.1 或定理 5.4.2 中的群之一. 若 $p\geqslant 5$，由定理 5.5.3 知 $|\zeta(G):Z(G)|>p$，矛盾.

若 G 为定理 5.4.1 中群之一，由定理 5.2.2 知 $d(G)=2$ 且 $\zeta(G)=\Phi(G)$，$|G:\zeta(G)|=|G:\Phi(G)|=3^2$，又 $|\zeta(G):Z(G)|=3$，$|G:Z(G)|=3^3$. 下面证对定理 5.4.1 中的群均有 $|G:Z(G)|>3^3$，矛盾. 若 G 为（1）或（8）型群，易计算得 $Z(G)=\langle a^9\rangle$，$|G:Z(G)|=3^4$. 若 G 为（2）或（7）型群，计算得 $Z(G)=\langle b^9\rangle$，$|G:Z(G)|=3^4$. 若 G 为（3）或（5）型群，计算得

$Z(G)=\langle c\rangle$，$|G:Z(G)|=3^4$. 若 G 为（4）或（6）型群，易计算得 $Z(G)=\langle c^3\rangle$，$|G:Z(G)|=3^5$.

易证定理 5.4.2 中群（1）～（4）均满足 $Z(G)=\langle a^3\rangle$，$|\zeta(G):Z(G)|=3$，故定理 5.4.2 中群（1）～（4）均为满足题设条件的群.

$\square$

推论 5.7.2　设 G 为正则的极小非 3 交换 3 群，则 $|\zeta(G):Z(G)|>3$.

§5.8　极小非半 3 交换 3 群的分类

本节中首先给出半 p 交换 p 群的定义及其性质，这部分内容主要参考了徐明曜教授的讲义《Regular p groups and their generalizations》，然后作为特殊情形，给出了极小非半 3 交换 3 群的分类.

定义 5.8.1　设 G 为有限 p 群，s 为非负整数. 如果对任意的 $a,b\in G$ 都有
$$(ab)^{p^s}=1\Leftrightarrow a^{p^s}b^{p^s}=1,$$
则称群 G 为半 p^s 交换的. 特别地，当 $s=1$ 时，称群 G 为半 p 交换的.

显然，半 p 交换 p 群的子群也是半 p 交换的，任意两个半 p 交换 p 群的直积也是半 p 交换群. 事实上，若对任意的 $a,b\in G$，都有 $(ab)^{p^s}=1\Leftrightarrow a^{p^s}b^{p^s}=1$ 成立，则 G 也是半 p^s 交换群.

定理 5.8.1　设 G 为半 p 交换 p 群，则有：

（1）$\Omega_1(G)=\Lambda_1(G)$；

（2）对任意的 $a,b\in G$ 都有
$$[a^p,b]=1\Leftrightarrow[a,b]^p=1\Leftrightarrow[a,b^p]=1;$$

（3）对任意的 $a\in G$ 和 $x\in\Omega_1(G)$，都有 $(ax)^p=a^p$.

证明　（1）对任意的 $a,b\in\Lambda_1(G)$，有 $a^p=b^p=1$. 又由半 p

交换 p 群的定义可得，$(a^{-1}b)^p=1$，从而有 $a^{-1}b\in\Lambda_1(G)$，故可得 $\Lambda_1(G)$ 为 G 的子群，进而可得 $\Omega_1(G)=\Lambda_1(G)$.

（2）由半 p 交换 p 群的定义可得

$$[a^p,b]=a^{-p}(b^{-1}ab)^p=1\Leftrightarrow(a^{-1}b^{-1}ab)^p=1,$$

即 $[a,b]^p=1$. 同理可证 $[a,b]^p=1\Leftrightarrow[a,b^p]=1$.

（3）因为对任意的 $a\in G$ 和 $x\in\Omega_1(G)$，都有 $1=x^p=(a^{-1}ax)^p$，所以由半 p 交换 p 群的定义可得 $(ax)^p=a^p$.

$\square$

定理 5.8.2 有限 p 群 G 为正则的当且仅当 G 的每个截断是半 p 交换的.

证明 必有性由定理 4.6.5 和半 p 交换 p 群的定义直接可得，故下面只须证明充分性即可.

假设结论不真，设为极小阶反例，则有以下结论成立：

（1）$\mho_1(G')=1$. 因为 G 非正则，故可得存在 $x,y\in G$ 使得 $(xy)^p=x^py^pc$，其中 $c\notin\mho_1([x,y]')$. 由 G 的极小性可设 $G=\langle x,y\rangle$. 令 $\overline{G}=\dfrac{G}{\mho_1(G')}$，则 $\overline{G}$ 非 p 交换，由定理 4.6.1 知 $\overline{G}$ 也非正则，由 G 的极小性可得 $\mho_1(G')=1$.

（2）$\mho_1(G)\leqslant Z(G)$. 对任意的 $a,b\in G$，由（1）可得 $[a,b]^p=1$. 因为 G 是半 p 交换的，由定理 5.8.1 中的（2）可得 $[a^p,b]=1$，对任意的 $a,b\in G$，由 b 的任意性可得 $a^p\in Z(G)$. 又由 a 的任意性可得 $\mho_1(G)\leqslant Z(G)$.

（3）$Z(G)$ 循环. 若 $Z(G)$ 不循环，G 有两个 p 阶正规子群 M 和 N 且 $M\cap N=1$. 由 G 的极小性可得，商群 $\dfrac{G}{M}$ 和 $\dfrac{G}{N}$ 都是正则的，由（1）及定理 4.6.1 可得 $\dfrac{G}{M}$ 和 $\dfrac{G}{N}$ 都 p 交换，因此 $\dfrac{G}{M}\times\dfrac{G}{N}$ 是 p 交换. 又因为 $G\leqslant\dfrac{G}{M}\times\dfrac{G}{N}$，故得 G 也是 p 交换的，矛盾.

（4）G 本身是 p 交换，进而得矛盾：令 $G=\langle a,b\rangle$ 且 $o(a)\geqslant o(b)$，则 $a^p,b^p\in\mho_1(G)$. 由（2）和（3）知 $\mho_1(G)$ 循环，故存在 $m\in$

Z^+ 使得 $a^{mp}=b^p$，进而有 $(a^{-m}b)^p=1$．又因为 $G=\langle a,a^{-m}b\rangle=\langle a\rangle$ $\Omega_1(G)$，所以对任意的 $x\in G$ 都有 $x=a^i t$，其中 $t\in\Omega_1(G)$．对任意的 $a^i t,a^j t'\in G$，其中 $t,t'\in\Omega_1(G)$，由定理 5.8.1 中的（3）可得

$$(a^i t \cdot a^j t')^p=(a^{i+j}t[t,a^j]t')^p=(a^{i+j})^p$$
$$=a^{ip} \cdot a^{jp}=(a^i t)^p(a^j t')^p.$$

因此得 G 本身是 p 交换．

$\square$

下面我们给出极小非半 3 交换 3 群的分类.

定理 5.8.3　群 G 为极小非半 3 交换 3 群当且仅当 G 为下列互不同构的群之一：

情形 1：当 $e=2$ 时.

（1）$G=\langle a,b\mid a^9=b^3=c^3=1,[a,b]=c,[a,c]=1,[b,c]=a^3\rangle$；

（2）$G=\langle a,b\mid a^9=b^3=c^3=1,[a,b]=c,[a,c]=a^3,[b,c]=1\rangle$；

（3）$G=\langle a,b\mid a^9=1,b^3=a^3,[a,b]=c,c^3=1,[a,c]=a^3,[b,c]=1\rangle$；

（4）$G=\langle a,b\mid a^9=1,b^3=a^{-3},[a,b]=c,c^3=1,[a,c]=a^3,[b,c]=1\rangle$.

情形 2：当 $e>2$ 时.

（1）$G=\langle a,b\mid a^{3^e}=b^3=c^3=1,[a,b]=c,[a,c]=a^{3^{e-1}},[b,c]=1\rangle$；

（2）$G=\langle a,b\mid a^{3^e}=b^3=c^3=1,[a,b]=c,[a,c]=1,[b,c]=a^{3^{e-1}}\rangle$；

（3）$G=\langle a,b\mid a^{3^e}=b^3=c^3=1,[a,b]=c,[a,c]=1,[b,c]=a^{-3^{e-1}}\rangle$.

证明　设群 G 为极小非半 3 交换 3 群，由定理 4.6.5 和定理 5.8.2 可得 G 必为极小非正则 3 群．又由定理 4.7.2 有 $d(G)=2$，$\exp G'=3$，$\dfrac{G}{G'}$ 为 $(3^{e-1},3)$ 型，$\mho_1(G)=Z(G)$ 为 3^{e-1} 阶循环群，$G_c=Z(G)\bigcap G'$.

下面证 $G''=1$，$|G|=3^{e+2}$．因为 G 为极小非正则 3 群，所以由定理 4.7.1 知 $c(G)=3$，故 $G_4=1$．又因为 $G''\leqslant G_4$，所以 $G''=1$，故 G 为亚交换 3 群．由定理 4.7.1 的证明过程结合定理 4.7.2 可得 $|G|=3^{e+2}$．因为 G 中存在 3^e 阶元，若 $|G|\leqslant 3^{e+1}$，则 G 为亚循环群，由定理 4.2.2 可得 G 正则，与题设矛盾．故 $|G|=3^{e+2}$．

设 $\exp(G)=3^e$ 且 $G=\langle a,b\rangle$. 由 $\dfrac{G}{G'}$ 为 $(3^{e-1},3)$ 型知 $a^{3^{e-1}}\in$ $G',b^3\in G'$, 故 $o(a)=3^e$, $\mho_1(G)=Z(G)=\langle a^3\rangle$, $b^3\in G'\bigcap Z(G)=$ $G_3=\langle a^{3^{e-1}}\rangle$, 从而有 $b^3=1$ 或 $b^9=1$.

当 $e=2$ 时 $|G|=3^4$, 由 p^4 阶群的分类可得群 G 为定理 5.8.3 中的情形 1 的四类群.

当 $e>2$ 时, 若 $b^9=1$, 由 $b^3\in\langle a^{3^{e-1}}\rangle$, 不妨设 $b^3=a^{3^{e-1}}=$ $(a^{3^{e-2}})^3$, 由群 G 为极小非半 3 交换 3 群可得 $(a^{-3^{e-2}}b)^3=1$, 可转化为 $b^3=1$ 的情形, 故可设 $b^3=1$. 下面证 $c\notin\langle a\rangle$. 若否, 则 $c\in$ $\langle a^{3^{e-1}}\rangle\leqslant Z(G)$ 与 $c(G)=3$ 矛盾. 由 $G_3=\langle a^{3^{e-1}}\rangle$ 可设 $[a,c]=$ $a^{s3^{e-1}},[b,c]=a^{t3^{e-1}}$, 其中 s,t 不同时为 0.

当 $s=1,t=0$ 时, 有
$$G=\langle a,b\,|\,a^{3^e}=b^3=c^3=1,[a,b]=c,[a,c]=a^{3^{e-1}},[b,c]=1\rangle.$$
$$\text{(1)}$$

当 $s=1,t\neq0$ 时, 用 $a^{-t}b$ 代替 b, 因为 $(a^{-t}b)^3=a^{-3t}b^3d$, 故 $o(a^{-t}b)=3^e$. $[a,a^{-t}b]=[a,b]=c,[a^{-t}b,c]=[a,c]^{-t}[b,c]=1$, 故有
$$G=\langle a,b\,|\,a^{3^e}=1,b^3=a^{\pm3},[a,b]=c,c^3=1,[a,c]=a^{3^{e-1}},[b,c]=1\rangle.$$
$$\text{(2)}$$

当 $s=-1,t=0$ 时, 有
$$G=\langle a,b\,|\,a^{3^e}=b^3=c^3=1,[a,b]=c,[a,c]=a^{-3^{e-1}},[b,c]=1\rangle.$$
$$\text{(3)}$$

当 $s=-1,t\neq0$ 时, 用 a^tb 代替 b, 则 $o(a^tb)=3^e$, $[a,a^tb]=c$, $[a^tb,c]=1$, 故有
$$G=\langle a,b\,|\,a^{3^e}=1,b^3=a^{\pm3},[a,b]=c,[a,c]=a^{-3^{e-1}},[b,c]=1\rangle.$$
$$\text{(4)}$$

当 $s=0,t=1$ 时, 有
$$G=\langle a,b\,|\,a^{3^e}=b^3=c^3=1,[a,b]=c,[a,c]=1,[b,c]=a^{3^{e-1}}\rangle.$$
$$\text{(5)}$$

$s=0,t=-1$ 时, 有

$$G=\langle a,b \mid a^{3^e}=b^3=c^3=1,[a,b]=c,[a,c]=1,[b,c]=a^{-3^{e-1}}\rangle.$$

$$(6)$$

在（3）中令 $c_1=c^{-1}$, $b_1=b^{-1}$ 代替 c,b，有 $a^{3^e}=b_1^3=a^3=1$，进而有

$$[a,b_1]=[a,b^{-1}]=[a,b^2]=c^2=c^{-1}=c_1,$$
$$[a,c_1]=[a,c^{-1}]=[a,c]^{-1}=a^{3^{e-1}},$$
$$[b_1,c_1]=1,$$

此时群（3）同构于（1）．在（4）中同上类似替换，可得（4）同构于（2）．

在（2）中，$G=\langle a,b \mid a^{3^e}=1,b^3=a^3,[a,b]=c,c^3=1,[a,c]=a^{3^{e-1}},[b,c]=1\rangle$，令 $b_1=a^{-1}b$, $o(b_1)=9$, $[b_1,c]=[a^{-1}b,c]=[a^{-1},c]=a^{-3^{e-1}}$，由 $b_1^3\in(a^{3^{e-1}})$ 且 $e>2$ 知存在 b_2 为 3 阶元，使得 $[a,b_2]=c$, $[b_2,c]=a^{-3^{e-1}}$, $[a,c]=a^{3^{e-1}}$，再令 $a_1=ab_2$，则

$$a_1^{3^e}=b_2^3=c^3=1,$$
$$[a_1,b_2]=[ab_2,b_2]=[a,b_2]=c,$$
$$[a_1,c]=[ab_2,c]=[a,c][b_2,c]=a^{3^{e-1}}a^{-3^{e-1}}=1,$$
$$[b_2,c]=a^{-3^{e-1}},$$

此时群 G 同构于（6）．

在（2）中，$G=\langle a,b \mid a^{3^e}=1,b^3=a^3,[a,b]=c,c^3=1,[a,c]=a^{3^{e-1}},[b,c]=1\rangle$，令 $b_1=a^{-1}b$，则 $o(b_1)=9$, $[a,b_1]=[a,ab]=[a,b]=c$, $[b_1,c]=[ab,c]=[a,c][b,c]=a^{3^{e-1}}$，故分析得，存在 3 阶元 b_2 使得 $[a,b_2]=c$, $[b_2,c]=a^{3^{e-1}}$, $[a,c]=a^{3^{e-1}}$，再令 $a_1=ab_2^{-1}$，则

$$a_1^{3^e}=b_2^3=c^3=1,$$
$$[a_1,b_2]=[ab_2^{-1},b_2]=[a,b_2]=c,$$
$$[a_1,c]=[ab_2^{-1},c]=[a,c][b_2^{-1},c]=a^{3^{e-1}}a^{-3^{e-1}}=1,$$
$$[b_2,c]=a^{3^{e-1}}=a_1^{3^{e-1}},$$

此时群 G 同构于（5）．

易验证（1）（5）（6）互不同构．下面验证定理 5.8.3 中的七类群都是极小非半 3 交换 3 群．

情形 1：

（1）中 $(ab)^3 = 1$，但 $a^3 b^3 = a^3 \neq 1$；

（2）中 $(a^{-1}(ab))^3 = 1$，但 $(ab)^3 = a^{-3} \neq a^3$；

（3）中 $b^3 = a^3$，但 $(b^{-1}a)^3 = a^{-3} \neq 1$；

（4）中 $b^3 = a^{-3}$，但 $(ab)^3 = a^3 \neq 1$.

情形 2：

（1）中 $(ab)^3 = (a^{1+3^{e-2}})^3$，但 $(a^{-(1+3^{e-2})}(ab))^3 = a^{-3^{e-1}} \neq 1$；

（2）中 $(ab)^3 = (a^{1+3^{e-2}})^3$，但 $(a^{-(1-3^{e-2})}(ab))^3 = a^{3^{e-1}} \neq 1$；

（3）中 $(ab)^3 = (a^{1+3^{e-2}})^3$，但 $(a^{-(1+3^{e-2})}(ab))^3 = a^{-3^{e-1}} \neq 1$.

在情形 1 中群（1）～（4），都有 $|G| = 3^4$，从而它们的真子群和真商群的阶都不超过 3^3，由定理 4.7.1 和定理 4.6.5 可得它们都是半 3 交换的. 在情形 2 中群（1）～（3）都有 $Z(G) = \langle a^3 \rangle$，所以都有唯一的极小正规子群 $\langle a^{3^{e-1}} \rangle$. 对它们作商群都为 $\overline{G} = \dfrac{G}{\langle a^{3^{e-1}} \rangle}$，$|\overline{G}'| = 3$. 由定理 4.7.1 和定理 4.6.5 可得 $\overline{G}$ 是半 3 交换的，故它们的所有真商群都是半 3 交换的. 又在情形 2 中群（1）～（3）的极大子群都分别为 $M_1 = \langle a, c \rangle$，$M_2 = \langle b, a^3, c \rangle$，$M_3 = \langle ab, a^3, c \rangle$. 在群（1）（2）中，$M_1$ 为交换群，$|M_2'| = |M_3'| = |M_4'| = 3$，因此（1）（2）中的极大子群都是半 3 交换的，进而群（1）（2）中的真子群都是半 3 交换的. 群（3）中，M_2 为交换群，$|M_1'| = |M_3'| = |M_4'| = 3$，故群（3）中极大子群都是半 3 交换的，进而群（3）的真子群都是半 3 交换的. 故定理 5.8.3 中的七类群都是极小非半 3 交换 3 群.

综上所述，极小非半 3 交换 3 群为定理 5.8.3 中的七类群. □

参考文献

[1]An L. J. ,Finite *p* groups all of whose non-abelian proper

subgroups are generated by two elements，Xi'an：Master Thesis，Shanxi Normal University，2006.

［2］李立莉，曲海鹏，陈贵云. 内交换 p-群的中心扩张（I）［J］. 数学学报，2010，7（4）：1-10.

［3］曲海鹏，张巧红. 极小非 3 交换 3 群的分类［J］. 数学进展，2010,10（5）：599-607.

［4］徐明曜（2006）. Regular p groups and their generalizations［M］.讲义.

［5］张巧红,郭小强. 极小非半 3 交换 3 群的分类［J］. 云南民族大学学报（自然科学版），2011,20（3）：198-201.

［6］徐明曜,曲海鹏. 有限 p 群［M］. 北京：北京大学出版社，2010.

［8］张巧红. 中心较大的极小非 p 交换 p 群［J］. 云南民族大学学报（自然科学版），2016，25（3）：230-233.

［9］Hua L. K. , Tuan H. F. Determination of the groups of oddprime- power order p^n which contain a cyclic subgroup of index［J］. Sci. Rep. Tsing Hua Univ. （A），1940，4：145-154.

［10］Zhang Q. H. , Li P. J. Finite p-Groups with a Cyclic Subgroup of Index［J］. Journal of Mathematical Research with Applications，2012，32(4)：1-24.

［11］张巧红. 导群较大的极小非交换群［J］. 山西师范大学学报（自然科学版），2015,29（4）：15-18.

极小非 p 交换 p 群的
分类问题探究

ISBN 978-7-5692-0073-7

定价：42.00元